Sitzungsberichte
der Akademie der Wissenschaften
der DDR
Mathematik – Naturwissenschaften – Technik

9 N

1980

Harald Thomasius

Produktivität und Stabilität von Waldökosystemen

AKADEMIE-VERLAG · BERLIN

Sitzungsberichte
der Akademie der Wissenschaften
der DDR
Mathematik - Naturwissenschaften - Technik

Jahrgang 1980 · Nr. 9/N

Harald Thomasius

Produktivität und Stabilität von Waldökosystemen

AKADEMIE-VERLAG · BERLIN
1981

Vortrag von Prof. Dr. habil. Harald Thomasius,
Technische Universität Dresden, Sektion Forstwirtschaft Tharandt,
gehalten in der Sitzung der Klasse Umweltschutz und Umweltgestaltung
der AdW der DDR am 10. Mai 1979

Herausgegeben im Auftrage
des Präsidenten der Akademie
der Wissenschaften der DDR
von Vizepräsident Prof. Dr. Heinrich Scheel

Erschienen im Akademie-Verlag, 1080 Berlin, Leipziger Str. 3–4

Lizenznummer: 202 · 100/299/80
Gesamtherstellung: VEB Druckhaus Köthen
Bestellnummer: 762 860 4 (2010/80/9/N) · LSV 4535
Printed in GDR
DDR 14,– M

Inhalt

1. Einleitung

Das rasche Wachstum der Bevölkerungszahl und die stürmische Entwicklung der Industrie haben die Frage nach den Rohstoff- und Energieressourcen der Erde sowie nach der Erhaltung einer den menschlichen Bedürfnissen adäquaten Umwelt in den letzten Jahren stark in den Vordergrund gerückt. Dabei spielen Wälder u.a. Gehölzformationen, die mit rund 4,5 Md. ha etwa 30% des Festlandes der Erde einnehmen, eine große Rolle. In ihnen sind rund 10^{12} t lebende Biomasse (Trockensubstanz), das sind etwa 80% der Phytomasse auf dem Lande, akkumuliert (Tab. 1). Diese Menge entspricht etwa $18 \cdot 10^{21}$ J Wärmeeinheiten bzw. 400 Md. t Erdöl. Bei 100 Md. t sicheren und 170 Md. t wahrscheinlichen Erdölreserven [5] ist die in den Wäldern der Erde akkumulierte Energie etwa dem $1^1/_2$fachen aller Erdölvorräte äquivalent. Mit diesem Vergleich wird die Bedeutung der Wälder aber keineswegs vollständig erfaßt, weil die fossilen Brennstoffe in absehbarer Zeit abgebaut und aufgebraucht werden, während die von den Wäldern hervorgebrachte Biomasse immer wieder unter Freisetzung von Sauerstoff reproduziert wird.

Im Weltmaßstab kann man mit einer jährlichen Biomasseproduktion der Wälder von mehr als 50 Md. t rechnen. Das entspricht einer Wärmeenergie von etwa 10^{21} J bzw. 20. Md. t Erdöl (das sind 7,4% des Weltvorrates; die derzeitige Weltförderung beträgt 3 Md. t).

Durch die biologische Produktion der Wälder werden jährlich rund 24 Md. t Kohlenstoff gebunden und 64 Md. t Sauerstoff freigesetzt, wovon allerdings nur ein Teil als Aktivposten in die Bilanz eingeht.

Aus diesen Betrachtungen folgt:

1. Die Wälder der Erde sind eine gewaltige Rohstoff- und Energiereserve.

2. Die von den Wäldern der Erde hervorgebrachten Rohstoffe und Energieträger sind reproduzierbar.

3. Die Wälder sind wichtige Energieumwandler, da sie Sonnenenergie in chemische Energie umsetzen.

4. Die Wälder tragen mit ihrer biologischen Produktion zur Sauerstofffreisetzung und damit zur Erfüllung elementarer Lebensbedürfnisse von Mensch und Tier bei.

Tabelle 1 Stoffproduktion und Energiebindung in Wäldern und offenen Gehölzfor

Bezeichnung der Vegetationseinheit	Fläche	Jährliche Stoffproduktion bzw. Trockenmasse	
		pro Zeit- u. Flächen- einheit	insges. pro Zeit- einheit
	[10^6 ha]	[$t \cdot a^{-1} \cdot ha^{-1}$]	[10^9 $t \cdot a^{-1}$]
1. Äquatoriale tropische und subtropische Gebiete			
– immer- u. regengrüne Breitlaubwälder	1134	20,6	23,4
– offene Kleinlaubwälder, Dornbusch u. Hartlaubgehölze, Baum- u. Strauchsavannen	1219	7,0	8,5
2. Gemäßigte (temperierte) Gebiete)			
– immer- u. sommergrüne Breitlaubwälder	712	12,3	8,7
– Waldsteppen, Dornbusch u. Hartlaubgehölze	267	7,5	2,0
3. Boreale Gebiete			
– Kleinlaubmischwälder u. Nadelwälder	924	8,0	7,4
– Waldtundra	217	6,9	1,5
Σ	4437	11,6	51,5

2. Allgemeine Gesetzmäßigkeiten der Stoffproduktion und Energiebindung in Waldökosystemen

2.1. Definition des Ökosystems Wald und Analyse seines Stoff- und Energiestromes von der Bruttoprimärproduktion bis zu den Destruenten

Nachdem die Bedeutung der Wälder als reproduzierbare Rohstoff- und Energiereserve und als Faktor des Umweltschutzes kurz skizziert wurde, sollen in diesem Abschnitt einige Gesetzmäßigkeiten der Stoffbildung und Energiefixierung in Wäldern beschrieben werden. Zuvor erscheint es notwendig, das Ökosystem Wald zu definieren.

Definition: Wälder sind Ökosysteme, in denen Bäume in einer bestimmten Anzahl und mit einem hinreichenden Dichtstand die bestimmende Lebensform sind.

mationen (in Anlehnung an Werte von STEINLIN [39]

Energiebindung		Stoff- bzw. Energievorrat			
Energie		Trockenmasse		Energie	
pro Zeit- u. Flächeneinheit $[10^{12}\,J \cdot a^{-1} \cdot ha^{-1}]$	insges. pro Zeiteinheit $[10^{18}\,J \cdot a^{-1}]$	pro Flächeneinheit $[t \cdot ha^{-1}]$	insges. $[10^{9}\,t \cdot ha^{-1}]$	pro Flächeneinheit $[10^{12}\,J \cdot ha^{-1}]$	insges. $[10^{21}\,J]$
0,35	396,9	426,8	484,0	7,3	8,2
0,13	158,5	60,1	73,3	1,1	1,3
0,23	163,8	307,4	218,9	5,8	4,2
0,15	40,1	81,3	21,7	1,6	0,4
0,16	147,8	200,0	184,8	4,0	3,7
0,14	30,4	59,9	13,0	1,2	0,2
0,21	937,5	224,4	995,7	4,1	18,0

Wie alle Ökosysteme stellen die Wälder dreidimensionale Ausschnitte aus der Biosphäre dar (Raumstruktur). Sie bestehen aus abiotischen und biotischen Elementen. Ihre Komponenten sind durch Stoffwechsel und Energieströme miteinander verbunden. Außerdem befinden sie sich in einem externen Stoff und Energieaustausch mit ihrer Umgebung. Einen Überblick davon vermittelt Abbildung 1.

Von einem solchen Ökosystem interessiert im Rahmen dieser Arbeit vor allem die Primärproduktion P mit dem von ihr ausgehenden Stoff- und Energiestrom bis zur Respiration in den verschiedenen Ernährungsstufen (trophic levels) (Abb. 2).

Dabei treten folgende Beziehungen auf:

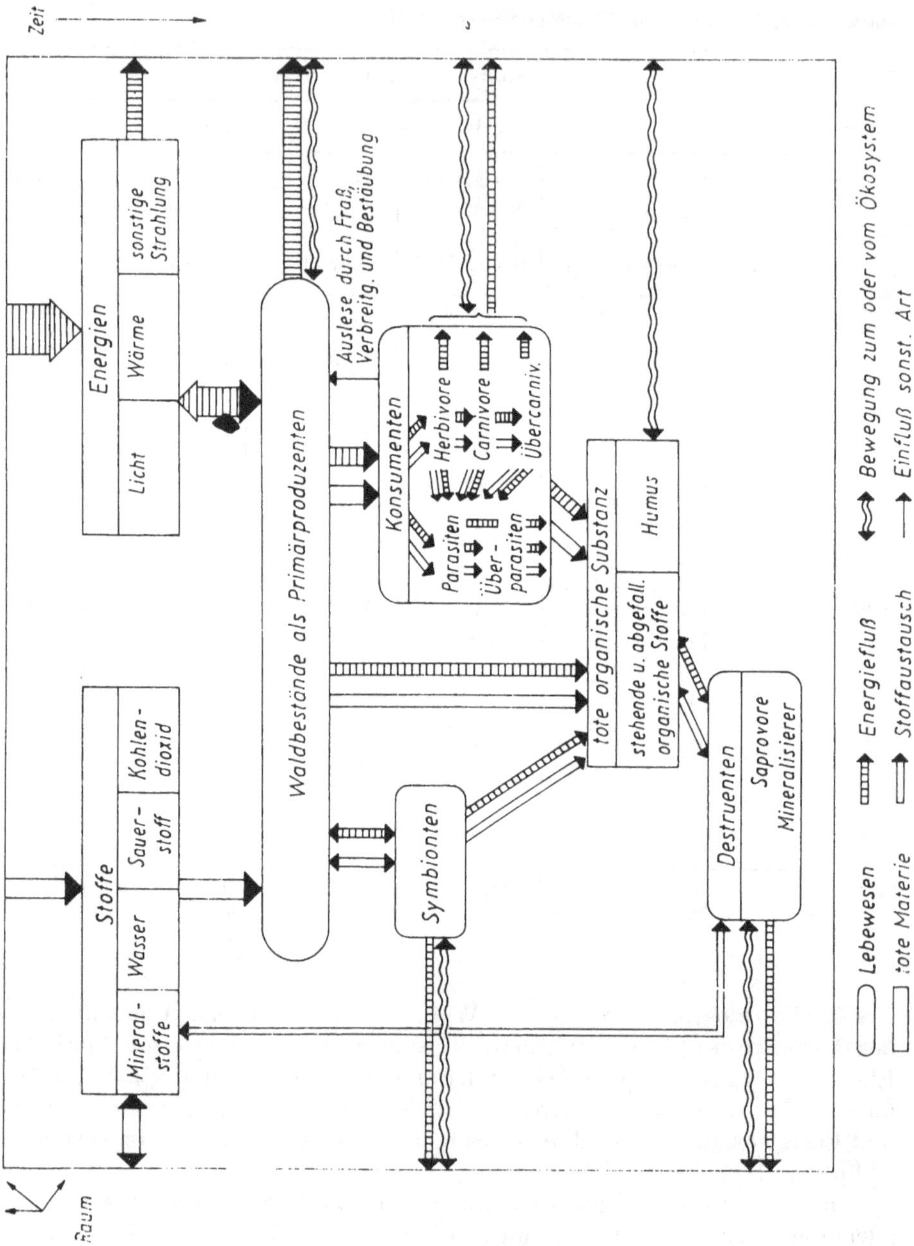

Abb. 1 Schematische Darstellung eines Ökosystems (in Anlehnung an Ellenberg [13])

In der gegebenen Definition wird weiter hervorgehoben, daß Bäume die bestimmende Lebensform eines Waldökosystems darstellen. Bäume sind langlebige, aus Wurzel, Schaft und Krone bestehende, ihre Masse selbst tragende Holzgewächse, die unter entsprechenden Umweltbedingungen im fortgeschrittenen Alter eine bestimmte Mindesthöhe erreichen. Diese wird konventionell mit 3 m festgesetzt. Dadurch werden die Wälder von den Buschformationen abgegrenzt.

Die in unserer Definition enthaltene Forderung nach einer bestimmten Anzahl von Bäumen und Dichte des Baumbestandes ist notwendig, weil der Terminus „Wald“ nur dann angewandt werden kann, wenn das damit bezeichnete Ökosystem eine solche Flächenausdehnung und Bodenbedeckung durch Bäume aufweist, daß sich ein spezifisches Innenklima und ein entsprechender Bodenzustand ausbilden können. Ist diese Bedingung nicht erfüllt, so spricht man von „offenen Gehölzformationen“.

Die für Wälder zu fordernde Bestandesdichte ist ebenfalls eine Frage der Konvention. Eine von der FAO für „geschlossene Wälder“ geforderte 20%ige Überschirmung der Bodenoberfläche ist für mitteleuropäische Verhältnisse extrem niedrig. Offene Gehölzformationen mit <20% Überschirmung rechtfertigen die Anwendung des Begriffes „Wald“ nicht, obwohl sie in der Literatur häufig als „offener Wald“ bezeichnet werden. Wir benutzen dafür – je nach Klimaregion – die Begriffe Savanne, Waldsteppe oder Waldtundra (s. Tab. 2). Von den in Tabelle 1 ausgewiesenen 4,5 Md. ha Gehölzbeständen besitzen nur etwa 2,8 Md. ha, d.h. 62%, eine Überschirmung der Bodenoberfläche von >20%, die übrigen 1,7 Md. ha sind offene Gehölzformationen.

Aus diesen kurzen Darlegungen folgt, daß die Abgrenzung und flächenmäßige Erfassung der Wälder häufig nicht nur ein geodätisches, sondern auch ein terminologisches Problem ist, aus dem sich viele Ungenauigkeiten und Wider-

Tabelle 2 Bezeichnung von Vegetationseinheiten mit einem relevanten Gehölzanteil in Abhängigkeit von Höhe und Bestandesdichte

Höhe der Gehölze [m]	Überschirmung der Bodenfläche		Vorkommen
	>0,2	≤0,2	
≥3	Wald	Baumsavanne Waldsteppe Waldtundra	tropische und subtropische Gebiete temperierte Gebiete boreale Gebiete
<3	Busch	Buschsavanne Buschsteppe Buschtundra	tropische und subtropische Gebiete temperierte Gebiete boreale Gebiete

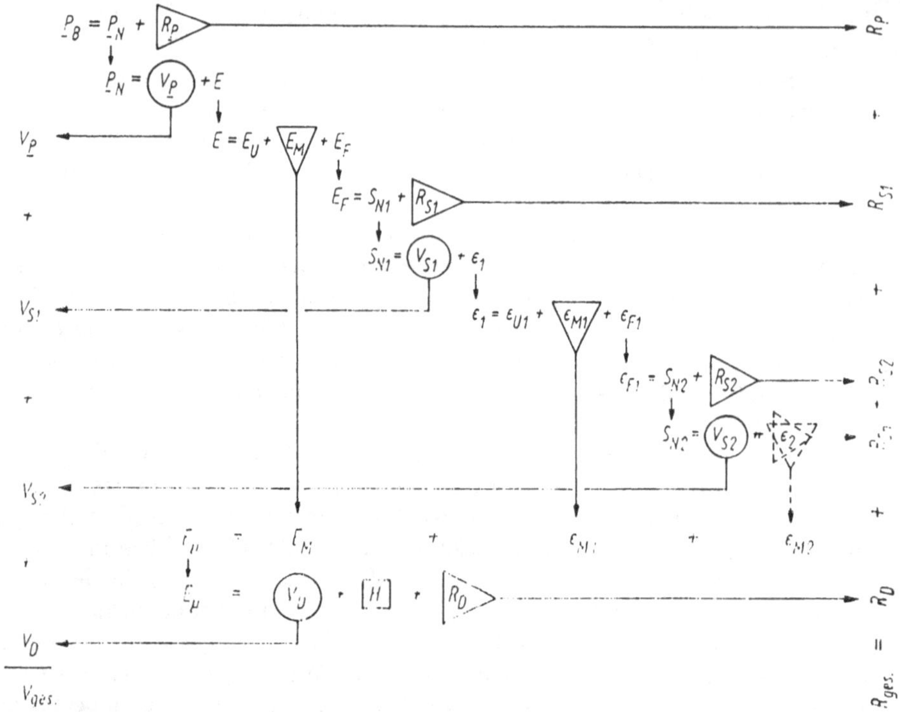

Abb. 2a

Es bedeuten:

- D Destruenten
- E Emission von Phytomasse
- E_F Fraß durch Phytophage
- E_M Mortalität (tote Pflanzen u. Pflanzenteile)
- E_μ tote organische Substanz
- E_U Utilisation (Entzug von Phytomasse durch Nutzung)
- ε Emission von Zoomasse
- ε_F Fraß durch Zoophage
- ε_{M1} Mortalität (tote Phytophagen)
- ε_{M2} Mortalität (tote Zoophagen)
- ε_{U1} Utilisation von Phytophagen
- ε_{U2} Utilisation von Zoophagen
- H Humus
- P Primärproduktion
- P_B Bruttoprimärproduktion
- P_N Nettoprimärproduktion
- π Summe der Nettoprimärproduktion im Zeitraum t, d.h. $\pi = \int_0^t P_N \, dt$
- R_D Respiration durch Destruenten
- R_P Respiration durch Primärproduzenten
- R_{S1} Respiration durch Sekundärproduzenten 1. Ordnung (Phytophage)
- R_{S2} Respiration durch Sekundärproduzenten 2. Ordnung (Zoophage)
- S_{N1} Nettosekundärproduktion durch Phytophage
- S_{N2} Nettosekundärproduktion durch Zoophage
- V für die Akkumulation verbleibende organische Substanz
- V_D lebende Destruentenmasse
- V_P lebende Phytomasse
- V_{S1} lebende Phytophagenmasse
- V_{S2} lebende Zoophagenmasse

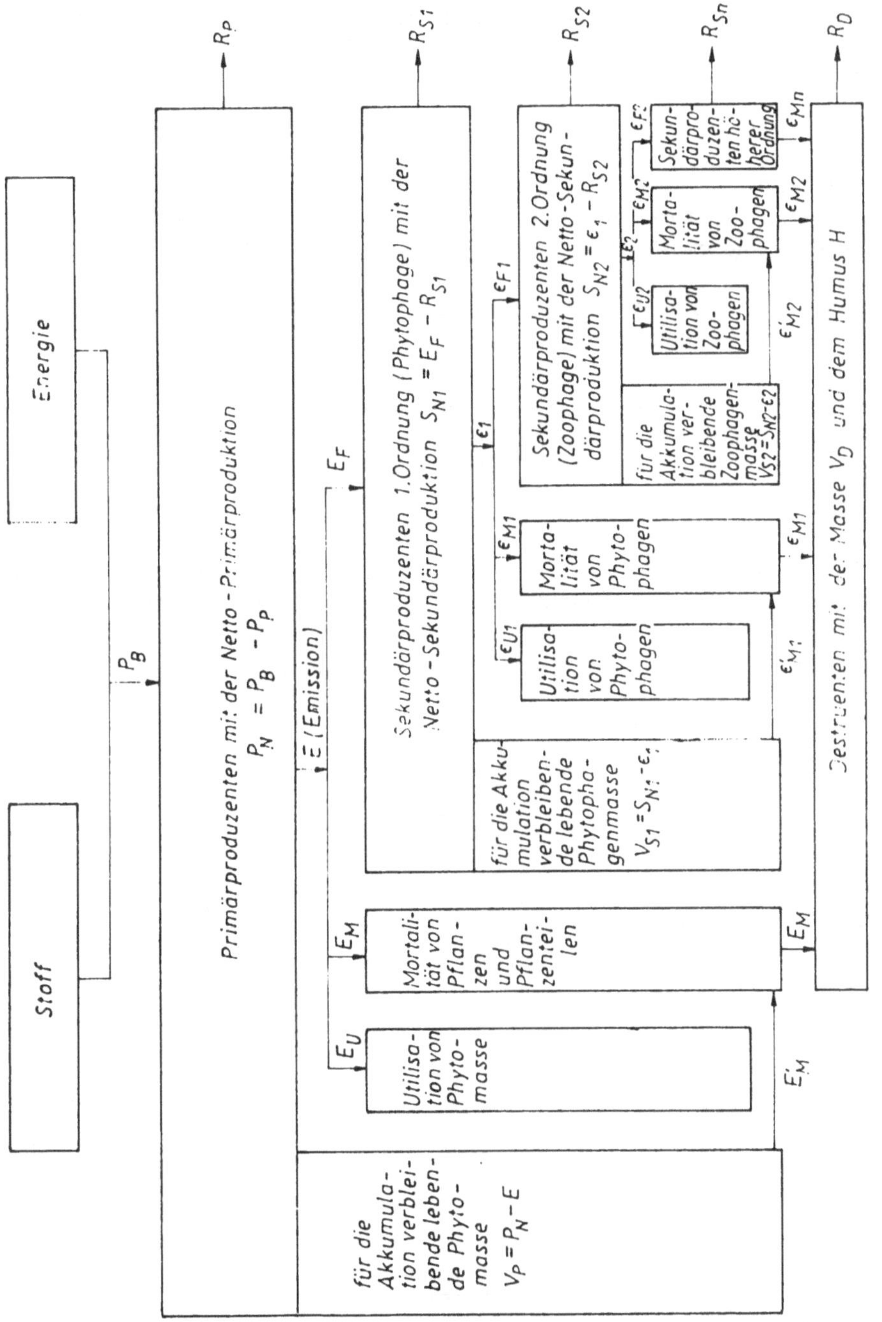

Abb. 2b Schematische Darstellung der wesentlichen Komponenten des Stoff- und Energiestromes vom Input in ein Ökosystem über die verschiedenen Ernährungsstufen bis zu den Destruenten (lies statt: $P_N = P_B - P_P$ — $P_N = P_B - R_P$)

sprüche statistischer Angaben erklären. Leider muß festgestellt werden, daß bis heute noch keine Einheitlichkeit der Begriffsbildung auf dem hier dargestellten Gebiet besteht.

2.2. *Relationen zwischen Stoffproduktion und Stoffabbau bzw. Energiebindung und -freisetzung in verschiedenen Entwicklungsstadien natürlicher und künstlicher Waldökosysteme*

Bevor auf die Fragen der Stoffproduktion und -akkumulation verschiedener Waldökosysteme der Erde sowie einiger Kunstbestockungen unserer Breiten eingegangen wird, erscheint eine kurze Darstellung der natürlichen Sukzession von Wäldern sowie der in Kunstbeständen, den sog. Forsten, ablaufenden Entwicklungsprozesse notwendig.

2.2.1. Natürliche Sukzession von Waldökosystemen

Auf einem vegetationslosen (virginalen) Standort, der dank seiner Ausstattung mit Nährstoffen, Feuchtigkeit, Wärme und Strahlung für das Waldwachstum geeignet ist (humide Gebiete), vollzieht sich unter natürlichen Bedingungen eine Sukzession, die von einem Initialstadium (Vorwald) über ein

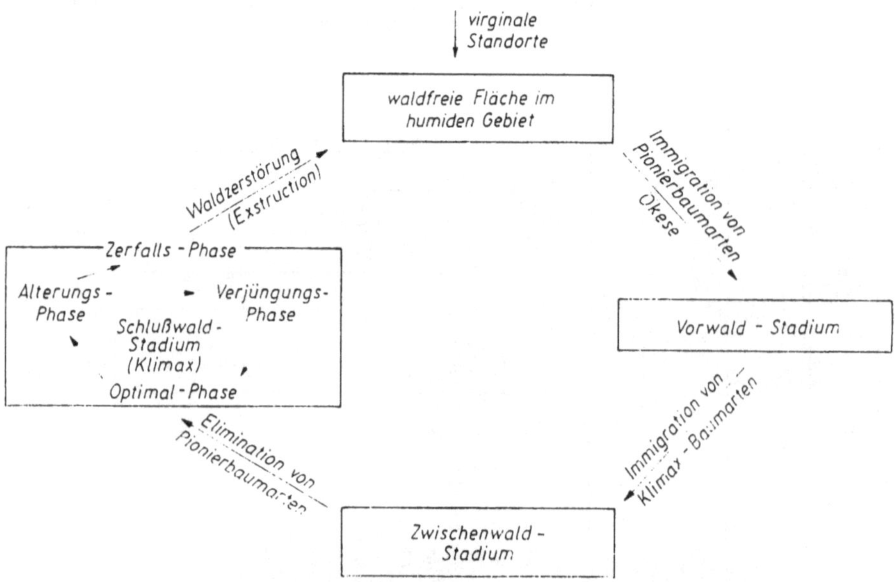

Abb. 3 Sukzessions-Stadien natürlicher Waldökosysteme

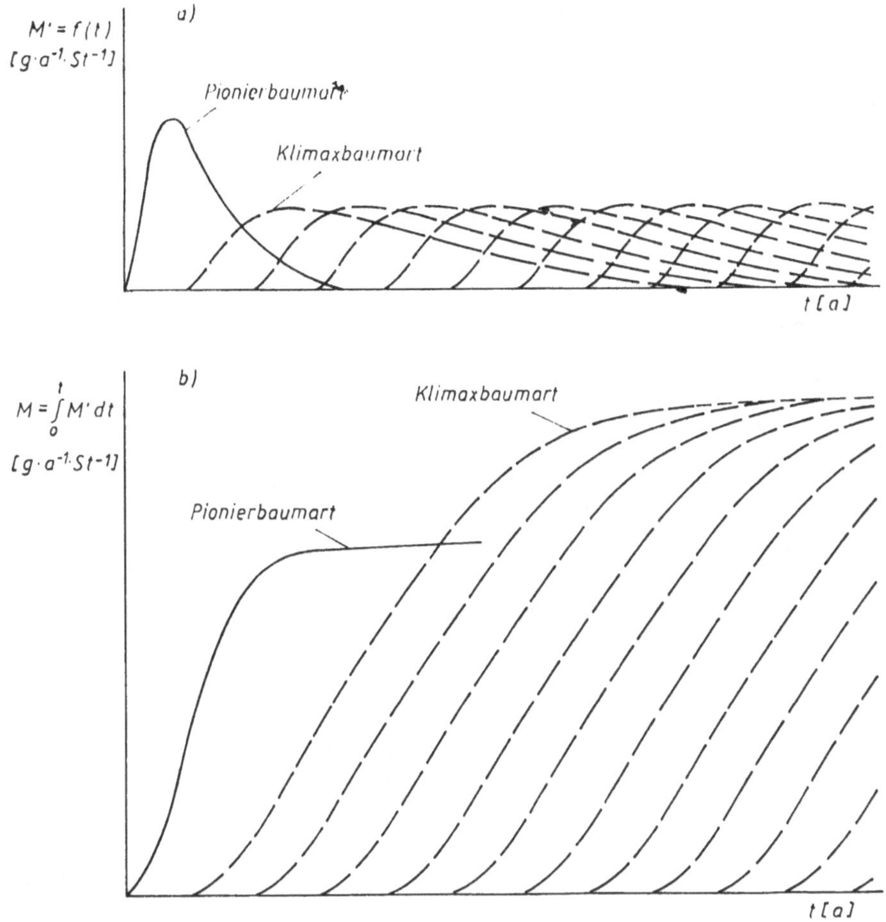

Abb. 4 Individual-Zuwachs M' und -Wachstum M von Pionier- und Klimaxbaumarten

Übergangsstadium (Zwischenwald) zu einem Klimaxstadium (Schlußwald) führt (Abb. 3). Diese Sukzessionsstadien besitzen folgende Merkmale:

1. Vorwaldstadium

- Zuwanderung (Immigration) und Besitznahme (Ökese) des Standortes durch Baumarten, die folgende Eigenschaften besitzen:
  - Widerstandsfähigkeit gegenüber Klimaextremen (Frost, Hitze, Trockenheit, Wind)
  - Anpassungsfähigkeit an den Boden (Rohböden, Mykorrhiza nicht obligatorisch)

- extensives Wurzelsystem
- rasches Wachstum in der Jugend, frühe Zuwachskulmination mit hohen Maximalwerten und starkem Zuwachsabfall danach (Abb. 4)
- früher Eintritt der Fertilität, häufige und reichliche Fruktifikation, gutes Ausbreitungsvermögen der Samen (oft anemochor)
- kurze Lebensdauer, niedrige Endwerte des Wachstums und relativ geringes Speicherungsvermögen an Biomasse und Energie in den lebenden Organismen.

Die von solchen Pionierbaumarten gebildeten Baumbestände sind meist nur aus einer Art oder aus wenigen Arten, die zufällig in der Nähe vorkommen, zusammengesetzt. Ihre Altersdifferenzierung und vertikale Gliederung sind gering.

- Die Nettoprimärproduktion pro Flächeneinheit steigt bis zum Kulminationspunkt rasch zu hohen Werten an, und es wird in größerem Maße Biomasse bzw. Energie akkumuliert (Abb. 4).

Zu Beginn einer solchen Primär-Sukzession ist nur wenig Detritus vorhanden. Dementsprechend ist auch die Respiration durch Destruenten zu Beginn der Waldentwicklung niedrig. Mit zunehmender Akkumulation organischer Substanz wächst die Menge der organischen Abfallstoffe und mit Vermehrung der Destruenten steigt die Respiration (s. Abb. 5).

2. Zwischenwaldstadium

- Zwischen den Arten und innerhalb der Individuen einer Art setzt ein Konkurrenzkampf um Wuchsraum, Licht, Wasser und Nährstoffe ein, bei dem die weniger standortstauglichen Arten und die schwächeren Individuen eliminiert werden.

Unter dem meist lichten Schirm des Vorwald-Bestandes und in den durch frühe Mortalität der Erstbesiedler entstehenden Lücken siedeln sich Klimax-Baumarten an, die folgende Eigenschaften besitzen:

- geringe Lichtansprüche (besonders in der Jugend)
- Empfindlichkeit gegenüber Klimaextremen (Frost, Hitze, Trockenheit, Wind,) wie sie oft auf der Freifläche auftreten
- höhere Ansprüche an den Bodenzustand (Humusgehalt, Struktur, oft Mykorrhizabildung)
- intensives Wurzelsystem
- langsames Wachstum in der Jugend, spätere Zuwachskulmination mit niedrigeren Maximalwerten und anhaltendem Zuwachs bis ins hohe Alter (Abb. 4)
- später Eintritt der Fertilität, weniger häufige und nicht so reichliche Fruktifikation, geringes Ausbreitungsvermögen der Samen
- hohe Lebensdauer, große Endwerte des Wachstums und großes Speicherungsvermögen an Biomasse und Energie im lebenden Organismus.

- Der Baumbestand ist zweischichtig. Die noch aus dem Vorwaldstadium stammende obere Baumschicht besteht überwiegend aus Pionierbaumarten. Sie ist anfangs noch relativ dicht und individuenreich, löst sich aber im Laufe der Entwicklung auf und verschwindet allmählich. Die untere, sich aus eingewanderten Schlußwaldbaumarten rekrutierende Baumschicht ist mehr oder weniger ungleichaltrig, anfangs klein und unbedeutend. Mit zunehmendem Alter gewinnt sie an Höhe und Bedeutung, bis sie zum herrschenden Bestand heranwächst.
- Der Zuwachs pro Flächeneinheit sinkt nach Überschreitung des Kulminationspunktes im Oberbestand, weil der Zuwachs im Unterbestand noch gering ist (Abb. 5).
- Die zunehmende Alterung im Oberbestand ist mit einer höheren Mortalität, mit einem größeren Stoffabfall, einer entsprechenden Detritusbildung und einer hohen Respiration durch Destruenten verbunden.
- Die Akkumulationsgeschwindigkeit vermindert sich.

3. Schlußwaldstadium (Klimax)

- Die Pionierbaumarten des Vorwaldes sind weitgehend verschwunden, der Baumbestand besteht fast ausschließlich aus Klimaxbaumarten, deren ökologische Ansprüche den klimatischen und edaphischen Gegebenheiten weitgehend adäquat sind (klimatischer und edaphischer Klimax).
- Je nach Standortsfruchtbarkeit ist der Baumbestand aus mehr oder weniger vielen Arten zusammengesetzt, mehr oder weniger vertikal gegliedert und ungleichaltrig.
- Es haben sich ein charakteristisches Waldinnenklima und ein reifer Waldboden entwickelt.
- Stoffbildung und Energiebindung pro Flächeneinheit ergeben sich als nahezu gleichbleibender Mittelwert des Zuwachses von Baumindividuen unterschiedlichen Alters und unterschiedlichen Strahlungsgenusses in den verschiedenen Höhenbereichen des Waldbestandes.
- Stoffabfall, Detritusbildung und Respiration verlaufen mehr oder weniger gleichmäßig in einer der Stoffbildung angemessenen Höhe.

An dieser Stelle sei noch darauf hingewiesen, daß innerhalb des Schlußwaldstadiums, vor allem bei Betrachtung kleiner Areale, verschiedene Phasen der Verjüngung, Reife, Alterung und wiederum der Verjüngung auftreten, die eine Oszillation der Stoffbildung bzw. Energiebindung und des Stoffabbaues bzw. der Energiefreisetzung um einen langfristigen Mittelwert zur Folge haben.

Im Falle der Zerstörung (Exstruction) eines Waldökosystems durch Naturkatastrophen oder Abhieb beginnt die Sukzession erneut mit einem Vorwaldstadium. Da in diesem Falle andere Ausgangsbedingungen als auf virginalen Standorten herrschen, spricht man hier von einer Sekundärsukzession (s. Abb. 3).

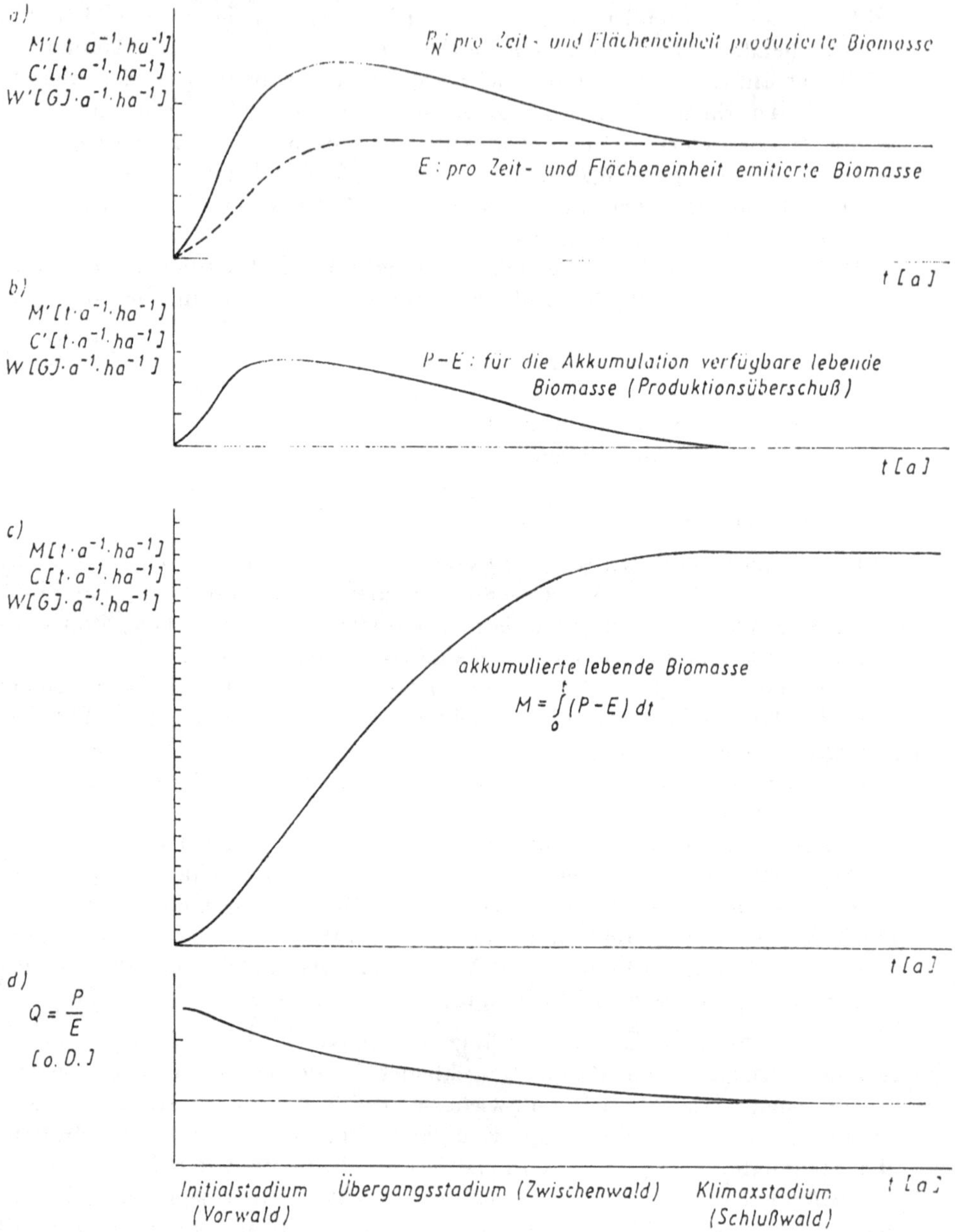
a)
M'[t·a⁻¹·ha⁻¹]
C'[t·a⁻¹·ha⁻¹]
W'[GJ·a⁻¹·ha⁻¹]
P: pro Zeit- und Flächeneinheit produzierte Biomasse
E: pro Zeit- und Flächeneinheit emitierte Biomasse
t [a]
b)
M'[t·a⁻¹·ha⁻¹]
C'[t·a⁻¹·ha⁻¹]
W[GJ·a⁻¹·ha⁻¹]
P−E: für die Akkumulation verfügbare lebende Biomasse (Produktionsüberschuß)
t [a]
c)
M[t·a⁻¹·ha⁻¹]
C[t·a⁻¹·ha⁻¹]
W[GJ·a⁻¹·ha⁻¹]
akkumulierte lebende Biomasse
M = ∫₀ᵗ (P−E) dt
t [a]
d)
Q = P/E
[o. D.]
Initialstadium (Vorwald)
Übergangsstadium (Zwischenwald)
Klimaxstadium (Schlußwald)
t [a]

Abb. 5

Diese verbal dargestellten Gesetzmäßigkeiten werden graphisch auf Abbildung 5 veranschaulicht. Auf Abbildung 5a wird gezeigt, wie die Nettoprimärproduktion P_N, ausgedrückt in Biomasse $M'(t \cdot a^{-1} \cdot ha^{-1})$, Kohlenstoff C' $(t \cdot a^{-1} \cdot ha^{-1})$ oder Wärmeenergie W' $(10^9\,J \cdot a^{-1} \cdot ha^{-1})$, vom Initial- zum Übergangsstadium rasch ansteigt, hier kulminiert und zum Klimaxstadium hin allmählich auf einen mehr oder weniger konstanten Wert absinkt. Die ausscheidende Substanz $E = E_M + E_F$ $(E_U = 0!)$ und die davon abhängige Respiration $R = R_{S1} + R_{S2} + R_D$ steigen von Null auf virginalen Standorten (primäre Sukzession) im Vorwaldstadium allmählich an und erreichen im Zwischenwald, nach Einsetzen des natürlichen Ausscheidungsprozesses, einen mehr oder weniger um einen Mittelwert oszillierenden Grenzwert.

Das Klimaxstadium ist dadurch gekennzeichnet, daß sich Stoffproduktion bzw. Energiebindung einerseits und Stoffabbau bzw. Energiefreisetzung andererseits mehr oder weniger ausgleichen, d.h. $N_P = E$, so daß der Quotient aus Nettoprimärproduktion und Emission etwa gleich 1 ist, d.h.

$$Q = \frac{P_N}{E} = 1.$$

Nur unter dieser Voraussetzung kann von einem Gleichgewichtszustand des Ökosystems gesprochen werden. Eine stete Abweichung davon führt bei $Q < 1$ zum Aufbrauch der Biomasse und bei $Q > 1$ zur Ansammlung von Biomasse.

Auf Abbildung 5b wird die Differenz $\Delta = P - E$ zwischen produzierter und emitierter Biomasse dargestellt. Das Integral über die Zeit ergibt die auf Abbildung 5c abgebildete Akkumulation lebender Biomasse pro Flächeneinheit d.h.

$$M = \int_0^t (P - E)\,dt.$$

Der Quotient $Q = P/E$ ist somit ein Gradmesser für die Reife eines natürlichen Waldökosystems bzw. ein Maßstab für das jeweils erreichte Sukzessions-Stadium. In juvenilen Stadien ist sein numerischer Wert > 1, mit wachsendem Reifegrad geht er gegen 1 (Klimax) (Abb. 5d).

Abb. 5 Nettoprimärproduktion P_N, Emission E und Akkumulation von Biomasse im Sukzessionsverlauf natürlicher Waldökosysteme, dargestellt in Einheiten Trockensubstanz M, Kohlenstoff C oder Energie W

a) Nettoprimärproduktion P_N und Emission E pro Zeit- und Flächeneinheit

b) für die Akkumulation verbleibende lebende Biomasse pro Zeit- und Flächeneinheit

c) Akkumulation lebender Biomasse im Verlaufe der Sukzession pro Flächeneinheit

d) Quotient von Nettoprimärproduktion P_N und Emission E, d.h. $Q = \frac{P_N}{E}$

(in Anlehnung an Odum [31])

Diese Beobachtungen über die natürliche Sukzession von Waldökosystemen waren notwendig, weil bei allen Angaben zur Stoffproduktion und Stoffakkumulation eindeutig definiert sein muß, um welches Entwicklungsstadium es sich handelt. Bei Produktivitätsvergleichen verschiedener Waldökosysteme sollte stets das Klimaxstadium mit $Q \approx 1$ gewählt werden. Differenzen und Widersprüche der in der Literatur enthaltenen Angaben zur Nettoprimärproduktion von Ökosystemen sind auch auf diese Problematik zurückzuführen.

In diesem Zusammenhang sei noch kurz auf die Frage der O_2-Freisetzung durch Wälder eingegangen. Aus Abbildung 5a geht hervor, daß eine positive Sauerstoffbilanz nur in den Vor- und Zwischenwaldstadien mit $P > E$ gegeben ist. In den Klimaxstadien ist die durch Kohlenstoffbindung erfolgende O_2-Freisetzung (Assimilation) gleich der durch Kohlenstoffoxidation (Respiration) erfolgenden O_2-Bindung, so daß die Sauerstoffbilanz gleich Null ist.

Als allgemeine Schlußfolgerungen ergeben sich aus diesen Betrachtungen zur natürlichen Entwicklung von Waldökosystemen mit MARGALEF [27]:

- Sukzession ist in der Regel mit einer Mannigfaltigkeitserhöhung und Strukturverstärkung verbunden.
- Sukzession ist ein diskontinuierlicher Prozeß, der vor allem durch Immigration von Baumarten unterschiedlicher Eigenschaften hervorgerufen wird.
- Sukzession ist mit einer Akkumulation von Biomasse verbunden, wobei kurzlebige Arten mit geringerem Speicherungsvermögen von langlebigen Arten mit hohem Speicherungsvermögen abgelöst werden. Damit geht meist eine Stabilitätserhöhung einher.
- Sukzessionen sind eine Folge irreversibler Prozesse, die zu einem Zustand mit minimalem Energieverbrauch, einem Minimum an Entropie und einem Maximum an Information führen.

2.2.2. Entwicklungsprozesse in Forsten

Wesentlich anders verläuft die Entwicklung in künstlichen Waldökosystemen, besonders in gleichaltrigen Beständen einer Baumart, die wir als Forstökosysteme bezeichnen. Bei unseren Modellbetrachtungen zu dieser Problematik muß zwischen Forstökosystemen ohne und mit Pflege unterschieden werden.

Abb. 6 Nettoprimärproduktion P_N, Emission E und Akkumulation von Biomasse in gleichaltrigen, ungepflegten Forstökosystemen (hypothetisch)

a) Nettoprimärproduktion P_N und Emission E pro Zeit- und Flächeneinheit

b) für die Akkumulation verbleibende lebende Biomasse pro Zeit- und Flächeneinheit

c) Akkumulation lebender Biomasse pro Flächeneinheit

d) Quotient von Nettoprimärproduktion P_N und Emission E, d.h. $Q = \frac{P_N}{E}$

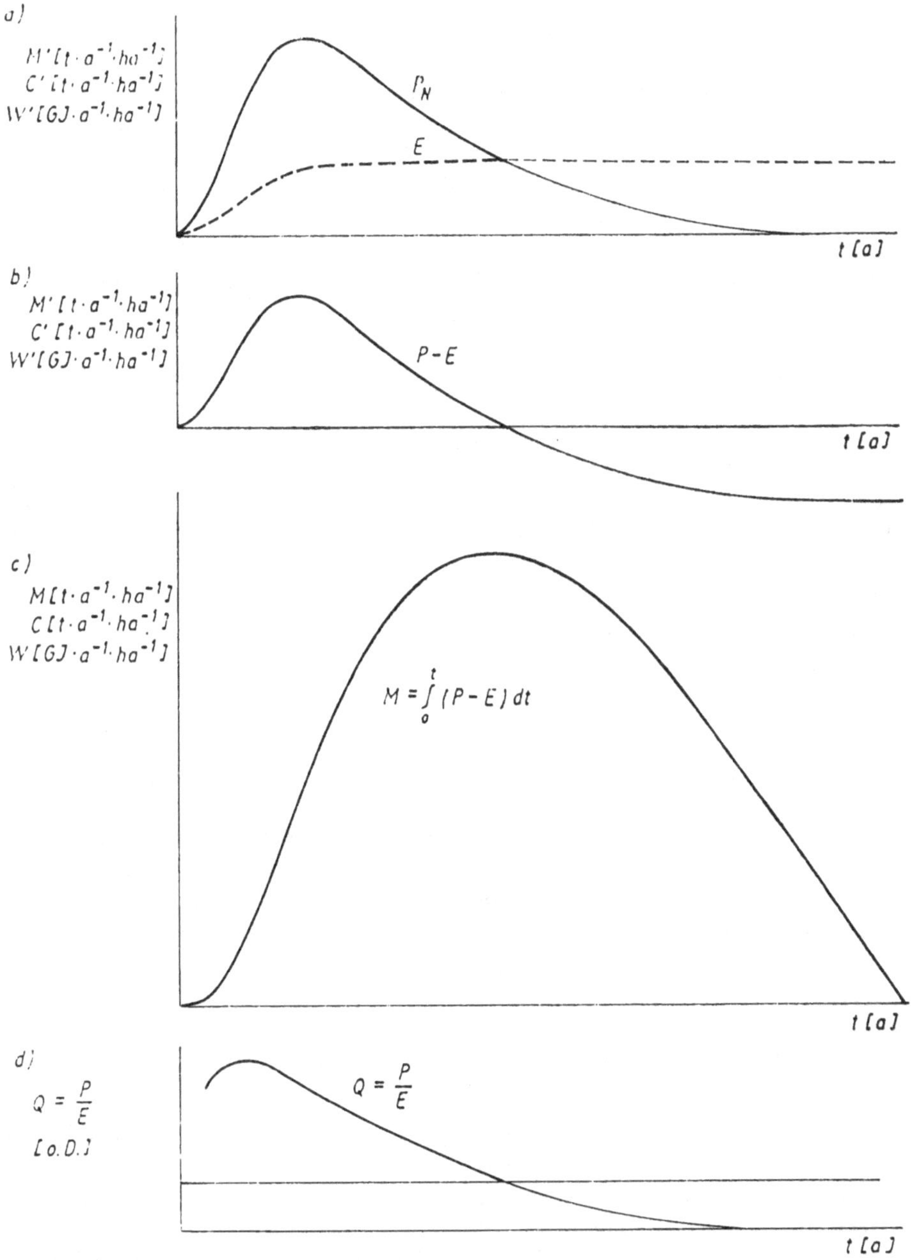
a)
M' [t · a⁻¹ · ha⁻¹]
C' [t · a⁻¹ · ha⁻¹]
W' [GJ · a⁻¹ · ha⁻¹]
P_N
E
t [a]
b)
M' [t · a⁻¹ · ha⁻¹]
C' [t · a⁻¹ · ha⁻¹]
W' [GJ · a⁻¹ · ha⁻¹]
P − E
t [a]
c)
M [t · a⁻¹ · ha⁻¹]
C [t · a⁻¹ · ha⁻¹]
W [GJ · a⁻¹ · ha⁻¹]
M = ∫₀ᵗ (P − E) dt
t [a]
d)
Q = P/E
[o.D.]
Q = P/E
t [a]

Abb. 6

Der Fall eines völlig ungepflegt heranwachsenden gleichaltrigen Reinbestandes, bei dem wie in natürlichen Ökosystemen $E_U = 0$ ist, wird auf Abbildung 6 dargestellt. Auf Abbildung 6a kennzeichnet die mit P_N bezeichnete Kurve den bekannten Zuwachsgang in Abhängigkeit vom Bestandesalter. Die mit E bezeichnete Kurve kennzeichnet die ausscheidende organische Substanz pro Zeit- und Flächeneinheit und deren Respiration. Sie ergibt sich in dicht geschlossenen, gleichaltrigen, ungepflegten Beständen vor allem durch das Absterben von Bäumen als Folge von Wuchsraummangel, jährlichen Streufall E_M und Schädlingsbefall E_F.

Unterstellt man (Hypothese) von einem bestimmten Alter an einen gleichbleibenden Anfall toter organischer Substanzen[1], so folgt zwangsläufig, daß in gleichaltrigen Forsten nach einem anfänglichen Überschuß der Nettoprimärproduktion P_N über die Emission ($P > E$) infolge Zuwachsrückgang mit dem Alter ein Zeitpunkt eintritt, wo $P < E$ und $\Delta = P - E$ negativ wird (Abb. 6a, b).

Der Kurvenverlauf von $Q = P/E$ wird auf Abbildung 6d dargestellt.

In der Natur werden diese künstlichen Ökosysteme meist schon vor ihrer allmählichen Auflösung durch Naturkatastrophen vernichtet oder im Verlaufe des Auflösungsprozesses über eine natürliche Verjüngung von standortsgemäßen Systemen abgelöst.

Für die weiteren Betrachtungen ist wichtig:

- künstliche Waldökosysteme befinden sich nicht im Gleichgewichtszustand mit ihrer Umgebung
- die Stabilität künstlicher Waldökosysteme ist alters- bzw. entwicklungsabhängig.

In der forstwirtschaftlichen Praxis muß die Entwicklung gleichaltriger Forsten durch entsprechende Maßnahmen der Waldpflege gesteuert werden. Dabei gilt es vor allem, der sich aus Wuchsraummangel und Schädlingsbefall ergebenden Gefährdung zu begegnen. Durch Aushieb und Nutzung kranker sowie toter Bäume kann die Destabilisierung solcher Ökosysteme direkt und indirekt aufgehalten bzw. vermindert werden:

- direkt, indem die vom Absterben bedrohten Bäume schon vorher entfernt werden

[1] Wahrscheinlich steigt dieser mit zunehmender Senilität sogar an.

Abb. 7 Nettoprimärproduktion P_N, Emission E und Akkumulation von Biomasse in gleichaltrigen, gepflegten Forstökosystemen

a) laufende (P_N) und durchschnittliche ($\overline{P}_N$) Nettoprimärproduktion sowie Emission durch Nutzung (E_U) und Mortalität (E_M) pro Zeit- und Flächeneinheit

b) für die Akkumulation verbleibende lebende Biomasse pro Zeit- und Flächeneinheit

c) Akkumulation lebender Biomasse pro Flächeneinheit

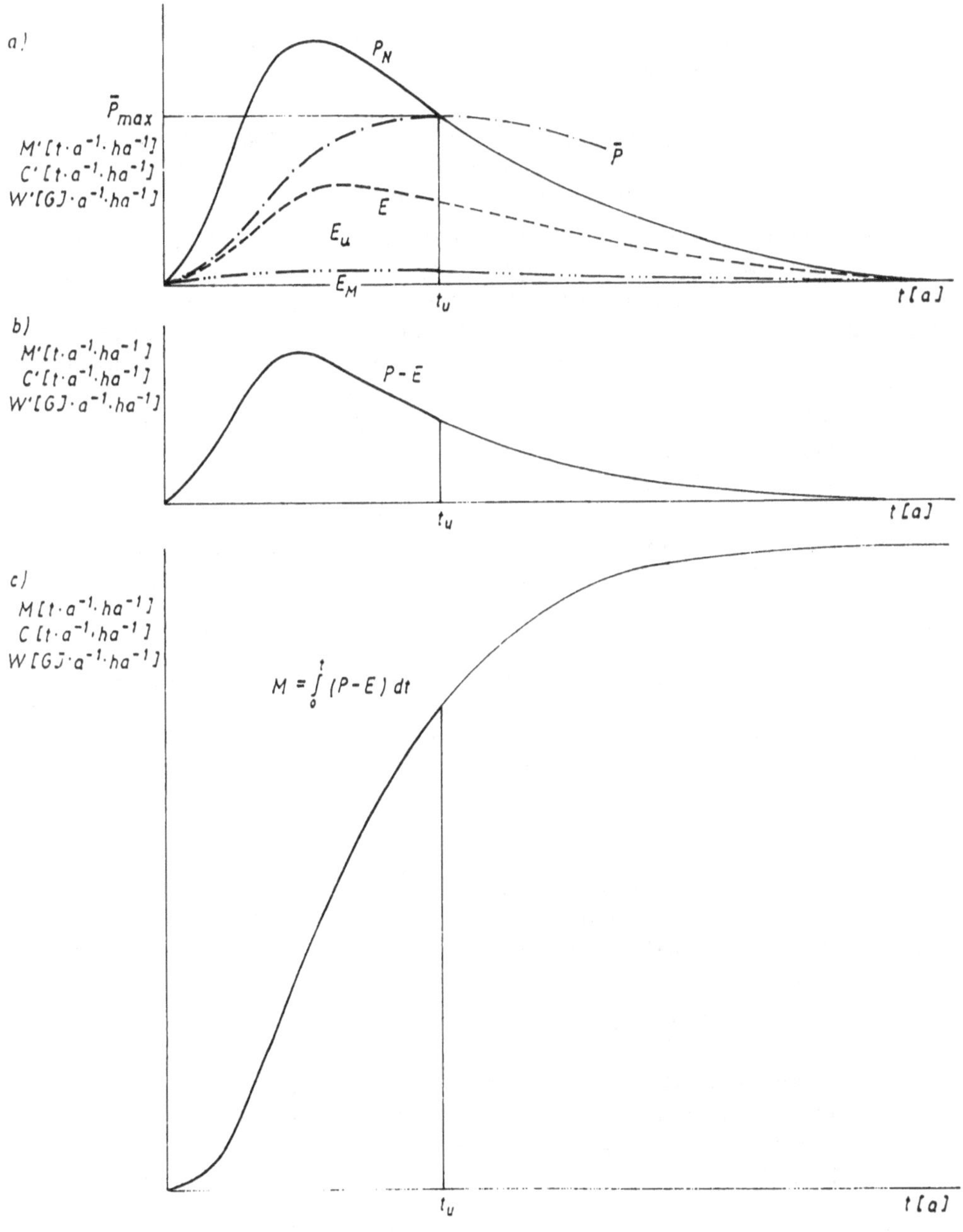
a)
P_N
$\bar{P}_{max}$
$M' [t \cdot a^{-1} \cdot ha^{-1}]$
$C' [t \cdot a^{-1} \cdot ha^{-1}]$
$W' [GJ \cdot a^{-1} \cdot ha^{-1}]$
$\bar{P}$
E
E_u
E_M
t_u
t [a]
b)
$M' [t \cdot a^{-1} \cdot ha^{-1}]$
$C' [t \cdot a^{-1} \cdot ha^{-1}]$
$W' [GJ \cdot a^{-1} \cdot ha^{-1}]$
P - E
t_u
t [a]
c)
$M [t \cdot a^{-1} \cdot ha^{-1}]$
$C [t \cdot a^{-1} \cdot ha^{-1}]$
$W [GJ \cdot a^{-1} \cdot ha^{-1}]$
$M = \int_0^t (P-E)\, dt$
t_u
t [a]

Abb. 7

– indirekt, indem der Entstehung von Krankheitsherden vorgebeugt, eine höhere Stabilität der verbleibenden Bäume herbeigeführt und eine Verzögerung des Auflösungsprozesses gleichaltriger Bestände im fortgeschrittenen Alter angestrebt wird.

Durch derartige Hygienemaßnahmen kann in gepflegten Waldbeständen eine größere Stoffakkumulation und Stabilität als in ungepflegten erreicht werden. Dieser Fall soll auf Abbildung 7 veranschaulicht werden.

Auf Abbildung 7a werden Nettoprimärproduktion P_N, Nutzung E_U und Abfall E_M pro Zeit- und Flächeneinheit dargestellt. Die obere, mit P_N bezeichnete Kurve kennzeichnet die Nettoprimärproduktion. Die mit E markierte Kurve beschreibt die in gepflegten Waldbeständen pro Zeit- und Flächeneinheit ausscheidende Biomasse, von der der überwiegende Teil auf Nutzungen E_U und der geringere Teil auf Streu u.a. zum Boden gelangende Pflanzenanteile E_M entfällt. Daraus folgt, daß die Nutzungen E_U zu einer Reduktion des Detritus und damit zu Lasten des Destruenten gehen. Auf diese Weise werden dem Ökosystem Stoffe und Energien entzogen, über deren vertretbares Maß noch keine hinreichenden Kenntnisse vorhanden sind.

Die Differenz zwischen Nettoprimärproduktion P_N und ausscheidender Biomasse E verbleibt für die Akkumulation (Abb. 7b). Integriert man $A = P - E$ über die Zeit, d.h. $M = \int_0^t (P - E)\,dt$, so erhält man die auf Abbildung 7c dargestellte Kurve der in einem gepflegten, gleichaltrigen Forst akkumulierten lebenden Biomasse.

Bedeutungsvoll ist schließlich noch die Integration der Stoffproduktion P_N pro Zeit- und Flächeneinheit über der Zeit, d.h.

$$\pi = \int_0^t P_N\,dt.$$

Sie ergibt die Gesamt-Stoffproduktion eines gleichaltrigen Waldbestandes bis zu einem bestimmten Zeitpunkt. Der Quotient aus Gesamt-Stoffproduktion durch Bestandesalter ist der für die Forstwirtschaft überaus wichtige mittlere Gesamtzuwachs

$$\overline{P} = \frac{\pi}{t} = \frac{1}{t}\int_0^t P_N\,dt.$$

Er wurde auf Abbildung 7a als Strich-Punkt-Linie eingezeichnet. Dabei ist es bedeutungsvoll, daß der mittlere Gesamtzuwachs P dann kulminiert, wenn er gleich dem laufenden Zuwachs P_N ist, d.h.

$$\overline{P} = \overline{P}_{max}, \text{ wenn } \overline{P} = P_N.$$

Das dazugehörige Alter ist ein wichtiger Weiser für die Wahl des Produktionszeitraumes, wenn man mit gleichaltrigen Forstökosystemen arbeitet. Außerdem bietet sich dieser Punkt als Bezugsmaß für vergleichende Produktivitätsbetrachtungen bei Forstökosystemen an. Der weitere Kurvenverlauf auf Abbildung 7 ist für die Praxis wenig relevant, weil die Waldbestände des Wirtschaftswaldes in der Regel bei $\overline{P} = \overline{P}_{max}$ geschlagen werden. Er wurde darum mit geringerer Strichstärke dargestellt.

Durch die geschilderten, aus hygienischen und ökonomischen Gründen erfolgenden Baumentnahmen werden den Forstökosystemen Energie, Kohlenstoff, Mineralstoffe und Wasser entzogen und die Nahrungsquellen der Destruenten vermindert. Durch diese Maßnahmen wird eine positive Sauerstoffbilanz herbeigeführt. Man kann somit feststellen, daß die häufig den Wäldern nachgesagte Sauerstoffbildung in erster Linie für gepflegte Wälder zutrifft.

3. Produktivität wichtiger natürlicher Waldökosysteme

3.1. Prinzipien der Gliederung und Bezeichnung von Ökosystemen

Wir bedienen uns bei den folgenden Darstellungen einer Vegetationsgliederung, die im Laufe zweier Jahrzehnte durch Reisen in verschiedene Erdteile und im Rahmen von Lehrveranstaltungen an der Sektion Forstwirtschaft Tharandt der Technischen Universität Dresden entstanden ist. Dabei wurde Wert darauf gelegt, daß die zwischen den Umweltbedingungen und den forstwirtschaftlich relevanten Erscheinungen der betrachteten Ökosysteme bestehenden Gesetzmäßigkeiten deutlich erkennbar sind.

In diesem System der wichtigsten Vegetationseinheiten wird differenziert

- nach geographischen Großräumen
  - äquatoriale, tropische und subtropische Gebiete
  - gemäßigte (temperierte) Gebiete
  - boreale, arktische und subarktische Gebiete;
- nach der Niederschlagsverteilung
  - Gebiete mit Sommerniederschlägen
  - Gebiete mit Winterniederschlägen;
- nach der von Strahlung und Feuchtigkeit abhängigen Humidität bzw. Ariditát im Sinne von Budyko [56];
- nach der Höhe über dem Meer.

Eine weitere Untergliederung erfolgt nach pedologischen Gesichtspunkten, auf die bei der hier vorgenommenen globalen Betrachtung bewußt verzichtet wird.

In einem engen Zusammenhang zu den genannten Umweltfaktoren befinden sich

- die Lebensformen der Pflanzen
- die Ausbildung ihrer Assimilationsorgane
- die Rhythmik ihrer Lebensprozesse
- die horizontale (Dichte) und vertikale Gliederung (Stratenbildung) der Pflanzenbestände

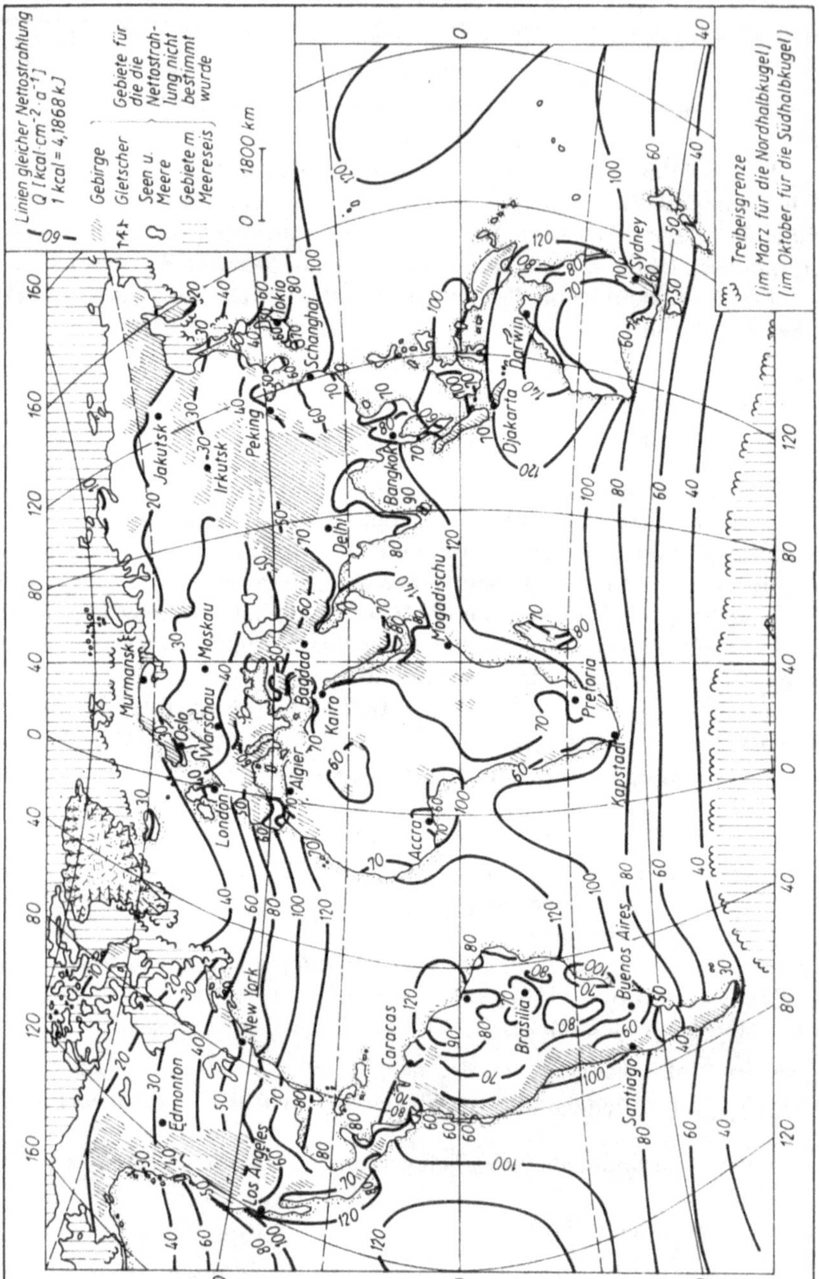

Abb. 8 Karte der Nettostrahlung Q [kcal · cm^{-2} · a^{-1}] (n. NEKLJUKOVA [60])

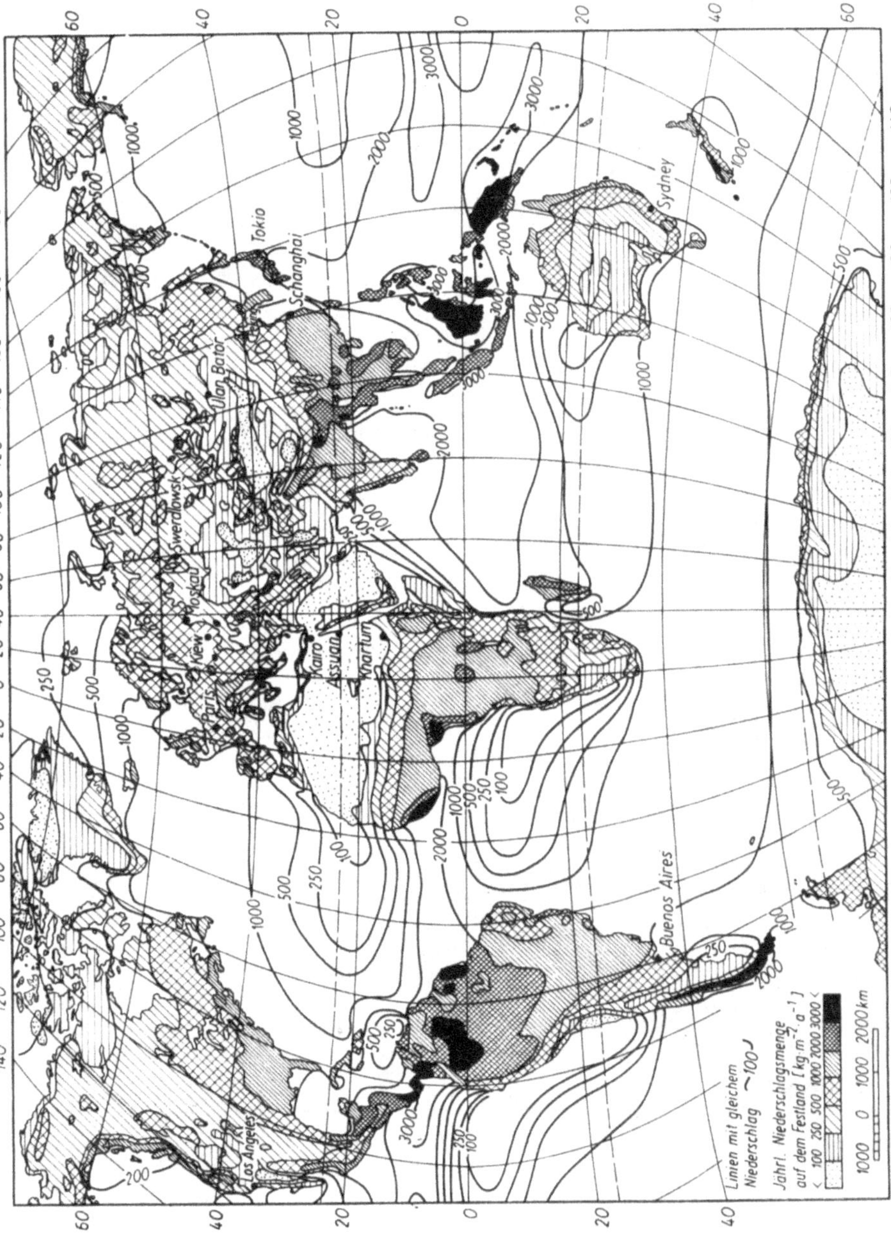

Abb. 9 Karte der Niederschläge N [kg · cm^{-2} · a^{-1}] (n. NEKLJUKOVA [60])

- die Mannigfaltigkeit der Pflanzenbestände
- die Produktivität pro Zeit- und Flächeneinheit
- die Menge der akkumulierten Biomasse.

Die für die systematische Ordnung unserer Ökosysteme wichtigsten Umweltfaktoren und Vegetationscharakteristika wurden in die nachstehenden Tabellen aufgenommen. Die Bezeichnung erfolgt ganz bewußt nach vegetationseigenen Merkmalen. Wir sprechen darum nicht vom „immergrünen tropischen Regenwald", sondern vom „immergrünen tropischen Breitlaubwald" usw.

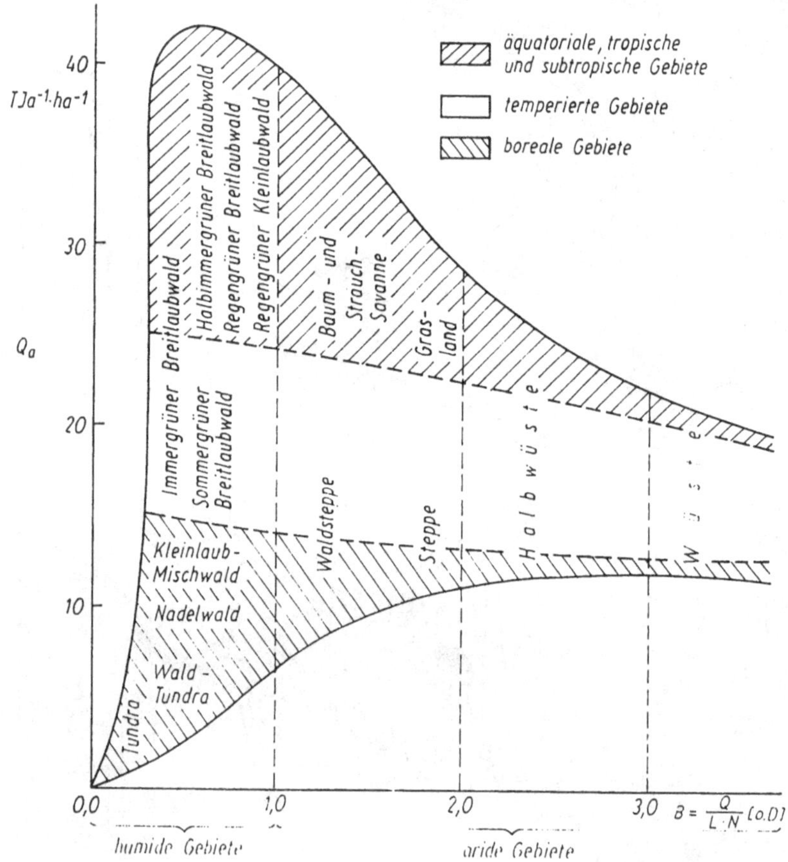

Abb. 10 Vorkommen wichtiger Vegetationseinheiten in Abhängigkeit von Nettostrahlung Q und Strahlungs Trockenheitsindex B (n. Budyko [56] mit Ergänzungen)

Besondere Bedeutung wird bei dieser Gliederung und auch bei den nachfolgenden Darstellungen dem Strahlungs-Trockenheitsindex nach BUDYKO [56] beigemessen. Für diesen gilt

$$B = \frac{Q}{N \cdot L}.$$

Dabei bezeichnet Q die pro Zeit- und Flächeneinheit als Energieinput in ein Ökosystem gelangende Nettostrahlung (Abb. 8), N die Niederschlagsmenge (Abb. 9) und L die zur Verdunstung einer Masseeinheit Wasser erforderliche Wärmemenge. Bei $B > 1$ ist die mit der Nettostrahlung aufgenommene Energie größer als die zur Verdunstung des Niederschlages erforderliche Wärmemenge, bei $B < 1$ ist es umgekehrt (Tab. 3). Ein Strahlungs-Trockenheitsindex von 1 ist somit der Grenzwert zwischen humidem und aridem Klima.

Nach BUDYKO [56] bestehen zwischen dem Strahlungs-Trockenheitsindex B und den verschiedenen Vegetationseinheiten folgende Koinzidenzen:

$B < 0{,}3$	Tundra
$0{,}3 < B < 1{,}0$	Wald
$1{,}0 < B < 2{,}0$	Waldsteppe und Steppe Savanne und Grasland
$2{,}0 < B < 3{,}0$	Halbwüste
$3{,}0 < B$	Wüste

Eine weitere Differenzierung ergibt sich nach der Nettostrahlung (Abb. 10).

Neben dem Jahresmittel des Strahlungs-Trockenheitsindexes B sind auch die Monatsmittel von Interesse. So ist z. B. in den Tropen für die Ausbildung immergrüner, halbimmergrüner und regengrüner Wälder sowie der Savannen, Grasländer, Halbwüsten und Wüsten die Anzahl der ariden Monate mit $B > 1$ maßgeblich. Bei einer systematischen Variation dieser Werte erhält man z. B. für Sommerregengebiete in der planaren und collinen Stufe auf terrestrischen Standorten mittlerer Trophie (klimatisch-edaphische Normalreihe) die in Tabelle 4 ausgewiesene gesetzmäßige Abfolge von Vegetationseinheiten.

3.2. Stoffproduktion und Energiebindung pro Zeit- und Flächeneinheit, Wirkungsgrad der Energieausnutzung sowie Stoff- und Energieakkumulation in wichtigen Vegetationseinheiten der Erde

Die nachstehenden Zahlenangaben in den Tabellen 4, 5 und 6 stützen sich weitgehend auf Angaben aus der Literatur [2, 3, 4, 6, 7, 8, 9, 10, 11, 12, 16, 19, 20, 21, 22, 23, 24, 26, 28, 29, 30, 32, 33, 37, 38, 39, 45, 46, 47, 48, 49, 50, 51, 52, 53, 54, 55, 58, 59, 61], die ausgeglichen, interpoliert und durch Schätzungen ergänzt worden sind. Die sehr große Amplitude einiger Vegetationseinheiten ist auf eine erhebliche Streubreite der ökologischen Bedingungen innerhalb derselben und wahrscheinlich auch auf Angaben, die von unterschiedlichen Entwicklungsstadien natürlicher Ökosysteme stammen (s. Abschn. 2.2.1.), zurückzuführen.

3.2.1. Äquatoriale, tropische und subtropische Gebiete

Wir betrachten zuerst die flächenmäßig bedeutendsten und ökologisch am besten untersuchten Vegetationseinheiten der klimatisch-edaphischen Normalreihe in Tabelle 4. Sie befinden sich in Gebieten mit permanenten Niederschlägen und mit Sommerniederschlägen in der planaren und collinen Stufe auf terrestrischen Standorten mittlerer Trophie. Bei Variation der Niederschläge und der Anzahl arider Monate ergibt sich eine gesetzmäßige Abfolge von den immergrünen Breitlaubwäldern über die regengrünen Wälder und Grasländer zu den Wüsten.

In Gebieten mit immergrünen Breitlaubwäldern kann die Nettostrahlung Werte von $40 \cdot 10^{12}$ J $\cdot$ a^{-1} $\cdot$ ha^{-1} erreichen und überschreiten. Sie nimmt über die offenen Gehölzformationen, Grasländer und Halbwüsten zu den Wüsten infolge stärkerer Ausstrahlung ab.

Bei optimaler Feuchtigkeitsversorgung können im immergrünen Breitlaubwald unter den dort herrschenden Strahlungsbedingungen 30...35 t Trockensubstanz pro Jahr und Hektar produziert werden. Das sind die absoluten Höchstwerte auf der Erde. Sie entsprechen mit einer Energiefixierung von $500...600 \cdot 10^{9}$ J $\cdot$ a^{-1} $\cdot$ ha^{-1} einem Erdöläquivalent von 11...13 t. Der Wirkungsgrad der Strahlungsausnutzung erreicht im immergrünen Breitlaubwald Werte bis zu 1,4%.

Ein hoher Anteil der produzierten Biomasse wird respiriert. In den Klimaxstadien des immergrünen Breitlaubwaldes sind 400...600 t $\cdot$ ha^{-1} Biomasse akkumuliert. Das entspricht dem 17...20fachen der jährlichen Stoffproduktion. Wir wollen diese Größe als Koeffizient der Akkumulation A bezeichnen.

Vom immergrünen Breitlaubwald als produktivste Form der klimatisch-edaphischen Normalreihe nehmen die Stoffproduktion, Energiebindung und der Wirkungsgrad der Energiebindung über die regengrünen Wälder, Savannen und Grasländer zu den Wüsten ab und erreichen bei letzteren ihr absolutes Minimum. Gleichzeitig vermindert sich die akkumulierte Biomasse und auch der Koeffizient der Akkumulation.

Über die Wälder in tropischen Gebirgen existieren nur wenige Angaben. In den unteren Regionen mit noch immergrünen Breitlaubwäldern kann mit 10... 25 t $\cdot$ a^{-1} $\cdot$ ha^{-1} Trockensubstanzproduktion gerechnet werden. Der mit zunehmender Höhenlage zu erwartende Abfall ist Tabelle 4 zu entnehmen. In den Gebirgswäldern muß infolge geringeren Abbaus der produzierten Biomasse mit einem größeren Akkumulationskoeffizienten gerechnet werden. Er kann nach den uns vorliegenden Unterlagen (Tab. 4) bis auf Werte von 30 ansteigen.

In Winterregengebieten mit Hartlaubgehölzen muß sowohl mit einer geringeren Produktivität als auch einer niedrigeren Akkumulationsrate (um 10) gerechnet werden.

3.2.2. Gemäßigte (temperierte) Gebiete

Auch für diese Region kann man für Sommerregengebiete in der planaren und collinen Stufe auf terrestrischen Standorten mittlerer Trophie bei Variation der Niederschläge und ariden Monate eine klimatisch-edaphische Normalreihe bilden.

Die immergrünen Breitlaubwälder der gemäßigten Breiten befinden sich in den perhumiden Gebieten der Küstenregionen mit relativ hohen Wintertemperaturen. Von hier ergibt sich eine gesetzmäßige Abfolge über die sommergrünen Breitlaubwälder in unserem Raum, die Waldsteppen und Steppen der Ukraine zu den Halbwüsten und Wüsten Mittelasiens.

In den gemäßigten Breiten können bei der hier auftretenden Nettostrahlung unter optimalen Feuchtigkeitsbedingungen (Auenwälder) über 20 t $\cdot$ a^{-1} $\cdot$ ha^{-1} Trockensubstanz produziert werden. Das entspricht einer Energiefixierung von über 400 $\cdot$ 19^9 J $\cdot$ a^{-1} $\cdot$ ha^{-1} (Erdöläquivalent etwa 9 t) und Wirkungsgraden der Strahlungsausnutzung bis über 2%. Die akkumulierte Biomasse kann bis zu 400 t $\cdot$ ha^{-1} erreichen (Koeffizient der Akkumulation um 20). Von diesen Waldökosystemen maximaler Stoffproduktion ergibt sich wiederum ein gesetzmäßiger Abfall über die Waldsteppen, Steppen und Halbwüsten zu den Wüsten (Tab. 5). Dabei ist ein Anstieg des Koeffizienten der Akkumulation bis zu Werten von 40 festzustellen. Auch in den Gebirgswäldern der gemäßigten Breiten ist die Stoffproduktion mit Werten bis über 10 t $\cdot$ a^{-1} $\cdot$ ha^{-1} noch sehr hoch. Bei einer Akkumulationsrate von >20 sind hier Werte der Biomassenakkumulationen von 200 t $\cdot$ ha^{-1} keine Seltenheit.

Auf eine nähere Betrachtung der Vegetationseinheiten in Winterregengebieten der gemäßigten Breiten, zu denen auch die Hartlaubwälder und Gehölzformationen der Mittelmeerländer sowie die Mischwälder und Nadelwälder des pazifischen Raumes in Nordamerika zählen, muß hier verzichtet werden.

3.2.3. Boreale, subarktische und arktische Gebiete

In diesem Großraum ergibt sich in Abhängigkeit von der Nettostrahlung eine Reihe mit den Vegetationseinheiten

- boreale Kleinlaubwälder
- boreale Nadelwälder
- Waldtundren
- Tundren.

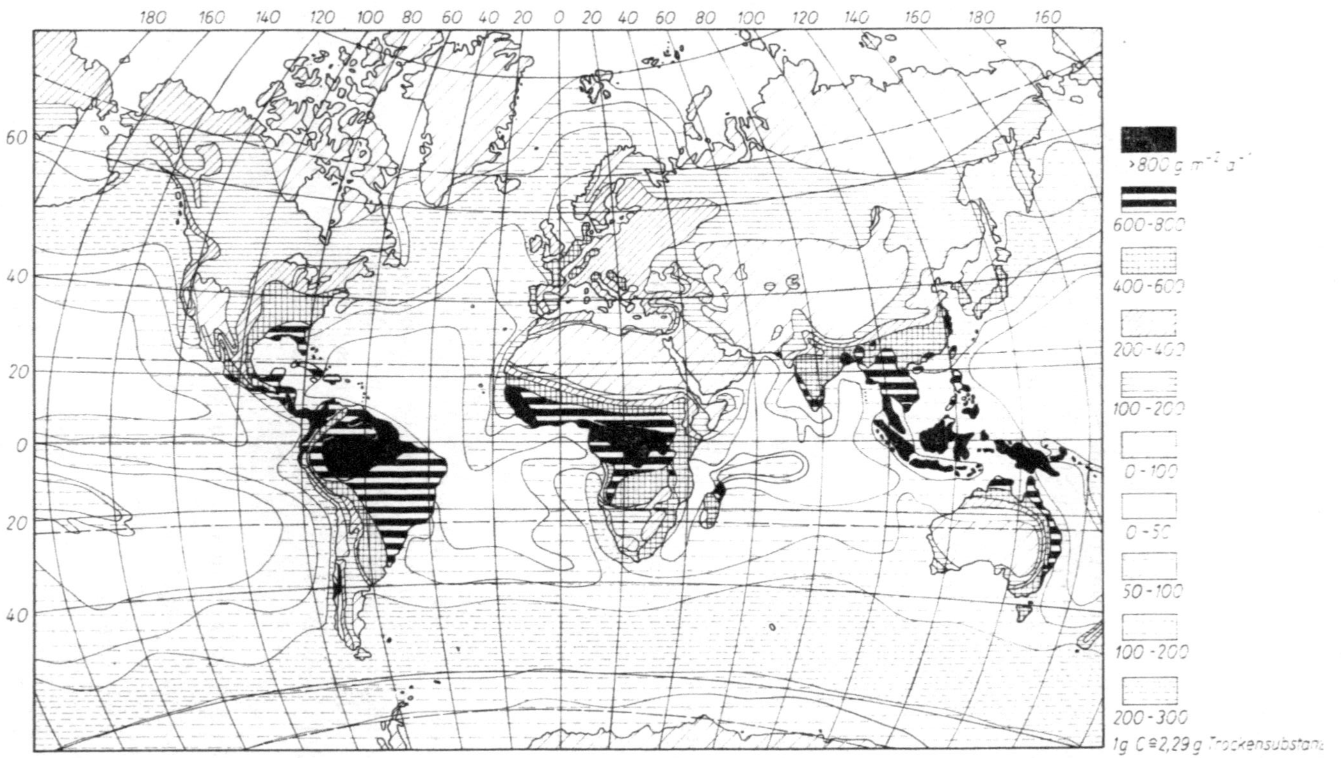

Abb. 11 Jährliche Kohlenstoffbindung der Kontinente und Ozeane nach LIETH [19]. Auf dieser Karte wird die Produktion organischer Substanz während einer Vegetationsperiode ohne Berücksichtigung von Verlusten durch Konsumenten und Substratzersetzer dargestellt. Diese Nettoprimärproduktion entspricht dem fixierten Kohlenstoff abzüglich Respiration durch grüne Pflanzen

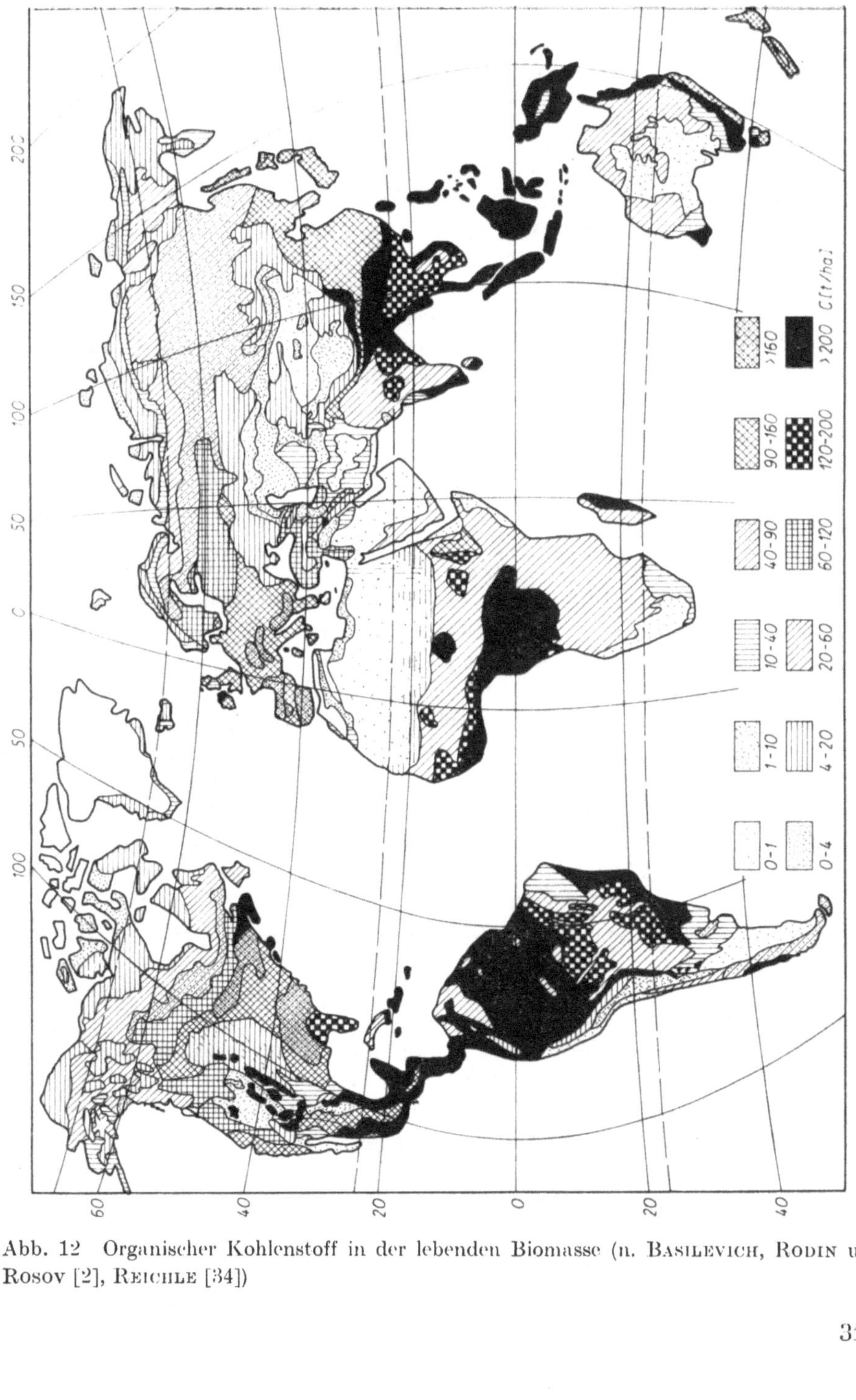

Abb. 12 Organischer Kohlenstoff in der lebenden Biomasse (n. BASILEVICH, RODIN u. ROSOV [2], REICHLE [34])

Die borealen Kleinlaubwälder sind vor allem aus dem nordosteuropäischen Raum bekannt. Von dort erstrecken sie sich in einem allmählich sich verjüngenden Band nach Südosten. In dieser Form bilden sie einen mehr oder weniger breiten Übergangsstreifen zwischen den sommergrünen Breitlaubwäldern der gemäßigten Breiten und dem die gesamte Nordhemisphäre umspannenden Gürtel der borealen Nadelwälder. In letzteren, die eine außerordentlich große Flächenausdehnung besitzen, schwankt die jährliche Stoffproduktion zwischen 2...8 t · a^{-1} · ha^{-1} und einer Energiefixierung von 40...160 · 10^9 J · a^{-1} · ha^{-1}. Das entspricht einem Erdöläquivalent von 1...3,5 t. Bei einem Akkumulationskoeffizienten lebender Biomasse von 35...40 werden Ansammlungen von 70...200 t · ha^{-1} lebender organischer Substanz erreicht.

Von den geschlossenen borealen Nadelwäldern zu den offenen Waldtundren, Tundren und arktischen Kältewüsten ist absolut gesehen ein gesetzmäßiger Abfall der jährlichen Stoffproduktion und Energiefixierung sowie der Biomasseakkumulation festzustellen, wie Tabelle 6 zu entnehmen ist.

3.3. *Globale Übersicht*

Nach dieser Darstellung einiger wichtiger Ökosysteme soll mit den nachstehenden Abbildungen, die der einschlägigen Literatur entnommen sind, eine globale Übersicht zur Stoffproduktion, Energiefixierung sowie Akkumulation lebender organischer Substanzen gegeben werden.

Auf Abbildung 11 wird die jährliche Kohlenstoffbindung für Kontinente und Ozeane dargestellt [19]. Anhand dieser Karte kann man mit Hilfe eines Umrechnungsfaktors von 2,22 die jährliche Trockensubstanzproduktion pro Flächeneinheit abschätzen. Dabei erhält man für humide Gebiete mit maximaler Nettostrahlung, in denen immergrüne Breitlaubwälder das Klimaxstadium darstellen, Werte von 18 t · a^{-1} · ha^{-1}. Für die sommergrünen Laubwälder unseres mitteleuropäischen Raumes ergeben sich Werte von etwa 10 t · a^{-1} · ha^{-1}.

Über den in der lebenden Biomasse akkumulierten Kohlenstoff gibt Abbildung 12 Aufschluß.

Eine Umrechnung mit dem bereits genannten Faktor 2,22 ergibt für immergrüne Breitlaubwälder der Tropen Trockensubstanzwerte von >450 t · a^{-1} · ha^{-1}. Für die natürliche Vegetation unseres Raumes erhält man eine akkumulierte Trockenmasse von 200...350 t · ha^{-1}.

Die gesamte Nettoprimärproduktion an organischer Substanz auf der Erde wird von Lieth [26] mit 177 · 10^9 t angegeben, wovon 122 · 10^9 t, d.h. 69%, auf das Festland und 55 · 10^9 t, d.h. 31%, auf die Ozeane entfallen. Somit werden jährlich etwa 3,3 · 10^{21} J Energie fixiert.

3.4. Versuch einer mathematischen Formulierung der Stoffproduktion und Energiebindung aus globaler Sicht

Nach den vorangegangenen Betrachtungen drängt es sich geradezu auf, den Versuch einer mathematischen Formulierung dieser unverkennbaren Gesetzmäßigkeiten der biologischen Produktion zu unternehmen. Dieser Versuch ist zwar nicht neu ([23, 33] u.a.), trotzdem aber vom methodischen Standpunkt und im Hinblick auf die damit erzielten Resultate gerechtfertigt.

Bei dem Versuch, die jährliche Stoffproduktion beliebiger Orte der Erdoberfläche mathematisch darzustellen, gehen wir davon aus, daß ihre Höhe primär vom Energieinput abhängig ist. Als Eingangsgröße wird die schon erwähnte Nettostrahlung Q benutzt. Selbstverständlich könnte man auch die photosynthetisch aktive Strahlung (PhAR) verwenden. Wir haben der Nettostrahlung Q den Vorzug gegeben, weil von dieser entsprechende Kartenunterlagen vorhanden sind (s. Abb. 8) [57, 60]. Bei Verwendung der photosynthetisch aktiven Strahlung würden sich lediglich die numerischen Werte der Konstanten unserer Biomasse-Produktionsformel ändern.

Bei der Ableitung dieser Formel wird unterstellt, daß bei $Q = 0$ auch $P = 0$ ist. Mit wachsendem Q nimmt die Phytomasseproduktion anfangs rasch ($P << P_{max}$), dann aber immer langsamer zu, bis nach dem Erreichen einer unter den gegebenen Bedingungen möglichen Maximalproduktion P_{max} keine weitere Steigerung mehr erfolgen kann (Abb. 13).

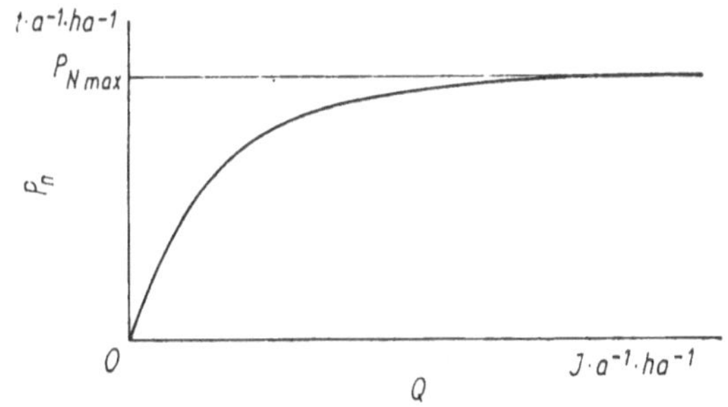

Abb. 13 Abhängigkeit der Nettoprimärproduktion P_N von der Nettostrahlung Q

Dieser Relation liegt zugrunde, daß die durch Zunahme der Nettostrahlung um die Größe dQ hervorgerufene Produktionsänderung dP abhängig ist von der Differenz zwischen der bereits gegebenen und der unter den betreffenden Bedingungen maximal möglichen Produktivität. Dieser Sachverhalt wird bei Unterstellung einer linearen Abhängigkeit der Produktivitätsveränderung von der Zunahme an Nettostrahlung durch die Differentialgleichung

$$\frac{dP}{dQ} = k\,(P_{max} - P) \qquad (1)$$

beschrieben. Dabei ist die Konstante k ein Ausdruck für die Wirksamkeit der Nettostrahlung auf die Phytomasseproduktion[2].

Nach Variablentrennung und Integration erhält man aus diesem Ansatz unter der Voraussetzung, daß bei $Q = 0$ auch $P = 0$ ist, die bereits als MITSCHERLICH-Funktion bekannte Produktionsformel

$$P = P_{max} (1 - e^{-kQ}). \tag{2}$$

Die Konstanten dieser Funktion wurden vorerst für natürliche Vegetationseinheiten, die sich unter optimalen Feuchtigkeitsbedingungen befinden, ermittelt, wie es z.B. in immergrünen Breitlaubwäldern und Auenwäldern der Fall ist. Nach den vorliegenden Unterlagen erhält man dafür folgende numerische Werte:

$$P_{max} \approx 35 \text{ t} \cdot \text{a}^{-1} \cdot \text{ha}^{-1}$$

$$k \approx 0{,}07 \text{ a} \cdot \text{ha} \cdot \text{TJ}^{-1}.$$

Mit der Formel

$$P = 35 (1 - e^{-0{,}07Q}) [\text{t} \cdot \text{a}^{-1} \cdot \text{ha}^{-1}] \tag{2a}$$

erhält man die in Tabelle 7 angegebene strahlungsabhängige Biomasseproduktion.

Tabelle 7 Unter optimalen Feuchtigkeitsbedingungen und bei ausreichender Nährstoffversorgung zu erwartende strahlungsabhängige Biomasseproduktion pro Zeit- und Flächeneinheit

$Q[10^{12}\text{J} \cdot \text{a}^{-1} \cdot \text{ha}^{-1}]$	5	10	15	20	25	30	35	40	45
$\underline{P}_N[\text{t} \cdot \text{a}^{-1} \cdot \text{ha}^{-1}]$	10,5	17,5	22,8	26,3	29,1	30,8	31,9	32,9	33,6

Diese Werte sind nur dann erreichbar, wenn eine optimale Feuchtigkeitsversorgung und ein ausreichendes Nährstoffangebot vorhanden sind.

Zur Darstellung der Nettoprimärproduktion in Abhängigkeit vom Feuchtigkeitsangebot wird ebenfalls die oben genannte Funktion benutzt, deren Ansatz auch für die Feuchtigkeit als Wachstumsfaktor zutrifft, d.h.

$$P = P_{max, Q} (1 - e^{-cF}). \tag{3}$$

Dabei bezeichnet $P_{max, Q}$ die unter den jeweiligen Strahlungsverhältnissen mögliche Maximalproduktion und c die Produktionswirksamkeit der Feuchtigkeit.

[2] Eine Verbesserung dieses Ansatzes erscheint möglich, wenn man $k = k'T$ setzt, wobei T den Mittelwert der absoluten Temperatur [K] darstellt.

Zur Schätzung der für die Biomasseproduktion verfügbaren Feuchtigkeit F wird in Anlehnung an BUDYKO [56] folgender Weg beschritten:

$$N = E + F \tag{4}$$

bzw.

$$\frac{E}{N} + \frac{E}{N} = 1. \tag{4a}$$

Dabei bedeuten:

N Niederschlag

E Verdunstung

F für die Biomasseproduktion verfügbare Feuchtigkeit.

Nach BUDYKO [56] gilt in guter Näherung:

$$E = N\left(1 - e^{-\frac{Q}{L \cdot N}}\right). \tag{5}$$

Demzufolge ist

$$F = Ne^{-\frac{Q}{L \cdot N}} \text{ (s. Tab. 8)} \tag{6}$$

und

$$P = P_{\max, Q}\left(1 - e^{-cNe^{-\frac{Q}{L \cdot N}}}\right). \tag{7}$$

Die Konstante c wurde anhand der vorliegenden Unterlagen vorerst zu

$$c \approx 0{,}3 \text{ a} \cdot \text{ha} \cdot \text{Gg}^{-1}$$

ermittelt.

Mit der Formel

$$P = P_{\max, Q}\left(1 - e^{-0{,}3\,Ne^{-\frac{Q}{L \cdot N}}}\right) \tag{7a}$$

erhält man schließlich die feuchtigkeits- bzw. niederschlagsabhängige Biomasseproduktion unter bestimmten Einstrahlungsbedingungen Q. Dabei wurde der Fall einer Produktionsbeeinträchtigung durch Feuchtigkeitsüberschuß, wie er z.B. in Mooren gegeben ist, nicht berücksichtigt!

Für eine Nettostrahlung von $15 \cdot 10^{12}$ J · a^{-1} · ha^{-1}, die etwa für Mitteleuropa zutrifft, ergibt sich bei $P_{\max, Q} = 22{,}8$ t · a^{-1} · ha^{-1} die in Tabelle 9 dargestellte feuchtigkeitsabhängige Produktivität.

Tabelle 9 Bei $15 \cdot 10^{12}$ J $\cdot$ a^{-1} $\cdot$ ha^{-1} Nettostrahlung und ausreichender Nährstoffversorgung zu erwartende feuchtigkeitsabhängige Biomasseproduktion pro Zeit- und Flächeneinheit

$N[10^9 g \cdot a^{-1} \cdot ha^{-1}]$	4	6	8	10	12	14	16	18	20
$P[t \cdot a^{-1} \cdot ha^{-1}]$	5,2	11,0	15,4	18,4	20,3	21,3	21,9	22,3	22,5

Bei einer Berechnung der potentiellen Stoffproduktion natürlicher Ökosysteme auf konkreten Standorten muß neben Strahlung und Feuchtigkeit auch das Angebot an Pflanzennährstoffen berücksichtigt werden. Auch dafür trifft der mit Gleichung 1 gemachte Ansatz zu. Wenn die trophische Komponente in dieser Arbeit nicht weiter berücksichtigt wird, so geschieht das lediglich aus Gründen einer Vereinfachung, wie sie bei unseren globalen Betrachtungen unerläßlich ist. Die große Bedeutung der trophischen Komponente, die besonders bei lokalen Betrachtungen deutlich wird, soll dadurch keineswegs unterschätzt werden.

Die Kombination der Formeln für die strahlungs- und feuchtigkeitsabhängige Biomasseproduktion liefert eine Gleichung, mit der global für Standorte ausreichender Nährstoffversorgung die Biomasseproduktion geschätzt werden kann. Sie lautet mit den näherungsweise ermittelten Konstanten k und c.

$$P = 35\,(1 - e^{-0,07\,Q})\left(1 - e^{-0,3\,Ne^{-\frac{Q}{L \cdot N}}}\right). \qquad (8)$$

Strahlungskomponente — Niederschlags-(Feuchtigkeits-)komponente

Für die numerischen Werte der Variablen gelten folgende Dimensionen:

P: $[t \cdot a^{-1} \cdot ha^{-1}]$
Q: $[10^{12}\,J \cdot a^{-1} \cdot ha^{-1}]$
N: $[10^9\,g \cdot a^{-1} \cdot ha^{-1}]$ ($= 10^2$ mm $\cdot$ a^{-1})
L: $[10^3\,J \cdot g^{-1}]$

Mit Hilfe dieser Formel wurden die in Tabelle 10 enthaltenen Werte berechnet. Dabei ergeben die Spalten die Nettoprimärproduktion in Abhängigkeit von der Nettostrahlung und die Zeilen die Nettoprimärproduktion in Abhängigkeit vom Niederschlag. Letztere gestatten zugleich Schlüsse auf mögliche Produktivitätssteigerungen durch Bewässerung.

Diagonal durch Tabelle 10 verläuft ein Maximum, das den optimalen Strahlungsgenuß zu einem gegebenen Niederschlag kennzeichnet. Links unterhalb dieses Sattelpunktes wird die Nettoprimärproduktion in erster Linie durch Feuchtigkeitsmangel, rechts oberhalb dagegen durch Strahlungsmangel begrenzt.

Für die DDR ergibt sich nach Tabelle 10 bei $10 \ldots 15 \cdot 10^{12}$ J $\cdot$ a^{-1} $\cdot$ ha^{-1} jährlicher Nettostrahlung und 660 mm Niederschlag sowie durchschnittlichen Ernährungsbedingungen eine mittlere Biomasseproduktion von 11,5...12,0 t $\cdot$ a^{-1} $\cdot$ ha^{-1}.

Bei Kenntnis des Energiegehaltes einer Einheit Biomasse ist es möglich, von der jährlichen Stoffproduktion P auf die jährliche Energiefixierung W zu schließen. Das ist erfolgt, indem die Werte von Tabelle 11 mit einem Faktor von $18 \cdot 10^9$ J $\cdot$ t^{-1} umgerechnet worden sind. Als Quotient von Energiebindung W und Energieinput Q ergibt sich der Wirkungsgrad $W[\%]$ der Energiefixierung in den betrachteten ökologischen Systemen (Tab. 12).

Man kann Tabelle 12, in der diese Wirkungsgrade zusammengestellt worden sind, entnehmen:

- Der Wirkungsgrad der Strahlungsausnutzung reicht von 0% in den Wüsten bis zu >3% bei optimalen Wachstumsbedingungen in höheren geographischen Breiten.
- In Gebieten mit geringem Strahlungsinput ist der Wirkungsgrad größer als in Gebieten mit hoher Einstrahlung. Das ist auf die größere Strahlungswirksamkeit im Mangelbereich der Strahlung und die höhere Respiration in den Tropen zurückzuführen.
- Ein Wirkungsgrad von 1%, wie er häufig als Mittelwert für Waldökosysteme angegeben wird, ergibt sich in Gebieten mit niedriger Nettostrahlung schon bei einem relativ geringen Niederschlag bzw. Feuchtigkeitsdargebot, während dafür in Gebieten mit großer Nettostrahlung ein ziemlich hohes Feuchtigkeitsdargebot erforderlich ist. Das ist auf die größere Verdunstung in letzterem zurückzuführen.

Im Durchschnitt der DDR kann nach unseren Resultaten mit einem Wirkungsgrad von $W \approx 1{,}7\%$ gerechnet werden. Dieser relativ hohe Wert weist unser Gebiet als ein ökologisch günstiges Territorium aus.

Abschließend sei zu diesem Kapitel festgestellt, daß die hier beschriebene „Produktionsformel“ noch verbesserungsbedürftig ist. Das betrifft besonders

- die Berücksichtigung der Nährelementversorgung;
- die Berücksichtigung von Produktionsbeeinträchtigungen bei Überdosierungen von Strahlungsenergie und Feuchtigkeit;
- die Verbesserung der numerischen Werte von P_{max}, c und k bei Vorlage weiterer Primärdaten.

4. Produktivität künstlicher Waldökosysteme

Über die Abhängigkeit der Stoffproduktion und -akkumulation künstlicher Waldökosysteme vom Alter wurde bereits berichtet (Kap. 2.2.2.). An dieser Stelle soll kurz darauf eingegangen werden, welche Möglichkeiten einer Produktivitätssteigerung in solchen Systemen vorhanden sind.[3]

[3] Für Produktivitätsvergleiche sollte die Nettoprimärproduktion P der entsprechenden Naturökosysteme im Klimaxstadium und die durchschnittliche Produktivität P künstlicher Ökosysteme zum Zeitpunkt t_u benutzt werden.

Bei der Frage nach möglichen Produktivitätssteigerungen durch Anlage künstlicher Waldökosysteme muß man zwischen echten und scheinbaren unterscheiden. Von scheinbaren Produktivitätssteigerungen spricht man, wenn bei einer etwa gleichbleibenden Nettoprimärproduktion pro Zeit- und Flächeneinheit lediglich eine Verschiebung der verschiedenen Produktionsanteile zu Gunsten der verwertbaren Biomasse erfolgt. Das kann z. B. geschehen durch den Anbau solcher Baumarten, die eine dichte Krone bilden, so daß die Bodenpflanzen zurückgedrängt werden und bei etwa gleichbleibender Phytomasse der Anteil der Dendromasse erhöht wird.

Darüber hinaus ist es möglich, den Anteil des besser verwertbaren Schaftholzes an der gesamten Dendromasse durch die Kultur wipfelschäftiger, monopodial wachsender Baumarten zu erhöhen.

Ein typisches Beispiel für ein solches Vorgehen ist der Anbau von Fichtenreinbeständen, in denen nur wenige Bodenpflanzen vorkommen, so daß die Phytomasse überwiegend Dendromasse und diese im Altbestand zu einem hohen Prozentsatz Schaftholz darstellt (Abb. 14).

Untersuchungen von RUNGE [37] im Solling ergaben, daß auf vergleichbaren Standorten wachsende Buchen- und Fichtenbestände, von denen erstere der natürlichen Waldgesellschaft nahe stehen, mit etwa $330 \cdot 10^9\,J \cdot a^{-1} \cdot ha^{-1}$ (das entspricht etwa $17\,t \cdot a^{-1} \cdot ha^{-1}$ Trockensubstanz) nahezu dieselbe Energiebindung wie vergleichbare Fichtenbestände bewirken. Auch auf gedüngten und intensiv bewirtschafteten landwirtschaftlichen Nutzflächen wurden Werte ähnlicher Größenordnung erreicht (Tab. 13).

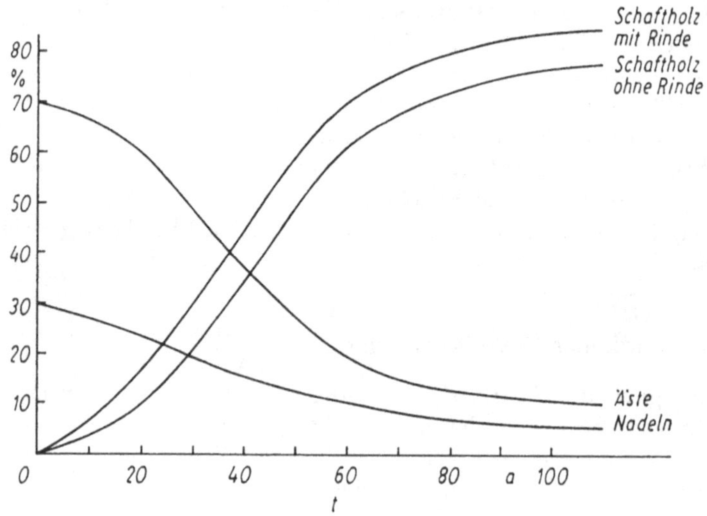

Abb. 14 Prozentualer Anteil verschiedener Baumkomponenten an der oberirdischen Phytomasse, bezogen auf Tonnen Trockensubstanz pro Hektar, in gleichaltrigen Fichtenbeständen (n. BLOSSFELD, FIEDLER, NEBE u. WIENHAUS [6])

Tabelle 13 Energiebindung und -akkumulation in verschiedenen Pflanzenbeständen des Solling (RUNGE [36])

Pflanzenbestand	Alter	Energiebindung	Energie-akkumulation	Koeff. d. Akkumulation
	[a]	[10^2J · a^{-1} · ha^{-1}]	[10^{12}J · a^{-1}]	A [o. D.]
Buche	59	0,27 (0,33)	3,54	13
Buche	80	0,21	3,59	17
Buche	122	0,29	6,15	21
Fichte	41	0,27 (0,33)	3,62	13
Fichte	87	0,19	6,38	34
Fichte	115	0,25	6,51	26
Wiese, ungedüngt		0,18		
Wiese, mit P, K gedüngt		0,21		
Wiese, mit N, P, K gedüngt		0,27		
Acker, mit N, P, K, Mg gedüngt		0,30 (0,33*)		

*) geschätzter Wert bei Zuschlag nicht erfaßter Komponenten

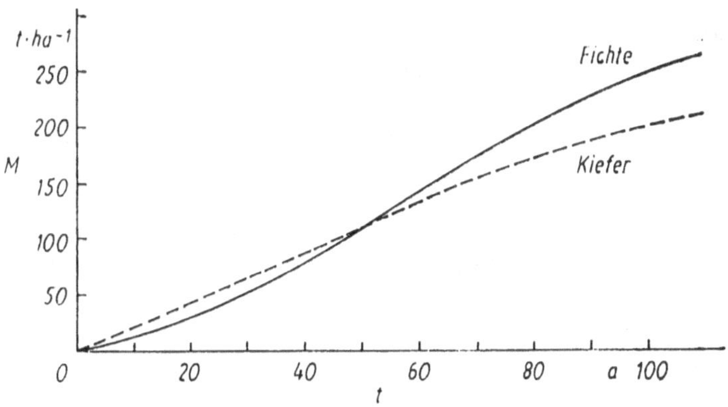

Abb. 15 In normal bewirtschafteten gleichaltrigen Kiefern- und Fichtenbeständen in Abhängigkeit vom Alter pro Flächeneinheit ober- und unterirdisch akkumulierte Dendromasse (n. BLOSSFELD, FIEDLER, NEBE u. WIENHAUS [6])

Trotz dieser etwa gleich großen Biomasseproduktion bzw. Energiefixierung ist bei den gegenwärtigen Verwertungstechnologien und -möglichkeiten ein weitaus höherer Ausnutzungsgrad der im Fichtenbestand produzierten Dendromasse gegeben.

Einen Eindruck von der in gleichaltrigen Fichten- und Kiefernbeständen mittlerer Produktivität akkumulierten Dendromasse gibt Abbildung 15. Es ist zu erkennen, daß die photosynthetisch effektivere Fichte im fortgeschrittenen Alter eine höhere Biomasse-Akkumulation pro Flächeneinheit als die Kiefer besitzt. Damit wird ein gesetzmäßiger Unterschied zwischen Licht- und Schattenbaumart deutlich. Während die meist breitkronigen Lichtbaumarten nur eine geringe Individuenzahl pro Flächeneinheit zulassen und dementsprechend auch eine niedrige Dendromasse-Akkumulation pro Flächeneinheit aufweisen, besitzen Bestände schmalkroniger Schattenbaumarten bei gleicher Höhe eine weitaus größere Individuenzahl pro Flächeneinheit, dementsprechend auch eine größere Dendromasse-Akkumulation und einen höheren Anteil von Dendromasse an der Gesamt-Phytomasse.

Betrachtet man nicht die Dendromasse, sondern, wie es noch heute in der Forstwirtschaft üblich ist, das Schaftholzvolumen, so ergeben sich weitere Verschiebungen zu Gunsten der monopodial wachsenden Baumarten mit niedriger Rohwichte, wie es wiederum für Fichte zutrifft. Die dabei auftretenden Relationen werden in Tabelle 14 dargestellt.

Eine weitere Möglichkeit, die Produktion nutzbarer Phytomasse zu erhöhen, besteht in der Reduzierung des Fraßes lebender organischer Substanzen durch phytophage Tiere. Diese Phytomasse E_F wird, wenn man von Katastrophenjahren absieht, mit 1–2% angegeben [10, 17, 37, 53]. Neben einem unmittelbaren Verlust an Phytomasse, die sonst akkumuliert werden könnte, kann durch den Fraß von Assimilationsorganen die weitere Stoffproduktion und Energiebindung mehr oder weniger stark beeinträchtigt werden. Die Größe dieser Verluste ist schwer abschätzbar. In Katastrophenjahren kann es dadurch zu einer Zerstörung ganzer Waldökosysteme kommen. Möglichkeiten zur Reduktion solcher Verluste sind die Regulierung des Wildstandes und verschiedene Verfahren der Schädlingsbekämpfung mit biologischen, chemischen und mechanischen Mitteln.

Bei Betrachtung der Möglichkeiten einer echten Produktivitätssteigerung ist es zweckmäßig, zwischen Steigerungen durch Verbesserung der Produktionsbedingungen und Aufbau hochproduktiver Waldbestände zu unterscheiden.

Zur Verbesserung der Produktionsbedingungen zählen
- Be- und Entwässerung
- Düngung
- Abhaltung permanent schädigender Umwelteinflüsse, z. B. SO_2-Immissionen.

Über mögliche Produktivitätssteigerungen durch Bewässerung geben die Tabellen 10 und 11 Aufschluß. Leider sind Bewässerungskulturen in der Forst-

Tabelle 14 Durchschnittliche Volumenerträge (Derbholz) von Fichtenreinbeständen und naturnahen Waldbeständen auf einigen Standortseinheiten im Mittelgebirge und Hügelland der DDR

Charakterisierung des Standortes	durchschnittlicher Gesamtzuwachs an Derbholz im Verlaufe des Produktionszeitraumes $dGZ_u[m^3 \cdot a^{-1} \cdot ha^{-1}]$		
	naturnahe Bestände		Fichtenreinbestände
	Baumarten bzw. Baumartenkombination	Menge	
mittlere Berglagen			
– organische Naßstandorte	Roterle	5	8
– mineralische Naßstandorte			
. nährstoffreich (R)	Edellaubbaum-	7	13
. nährstoffkräftig (K)	Mischbestände		12
. mittlere Nährstoffvers. (M)	Roterle	6	11
. ziemlich nährstoffarm (Z)			10
. nährstoffarm (A)			8
– terrestrische Standorte			
. nährstoffreich (R)	Buchenwälder	7–8	10
. nährstoffkräftig (K)	Buchenwälder	7	10
. mittlere Nährstoffvers. (M)	Buchenwälder	6–7	9–10
. ziemlich nährstoffarm (Z)	Laub-Nd.-Mischw.	5–6	7–8
. nährstoffarm (A)	Höhenkiefer	5	5–6
untere Berglagen und Hügelland			
– mineralische Naßstandorte			
. nährstoffreich (R)	Edellaubbaum-	7–8	12
. nährstoffkräftig (K)	Mischbestände	7	12
. mittlere Nährstoffvers. (M)	Eichenmisch-	6	10–11
. ziemlich nährstoffarm (Z)	wälder	5	9–10
. nährstoffarm (A)	Ei-Bi-Wälder	4	6–8
– terrestrische Standorte			
. nährstoffreich (R)	Buchenmischwälder	7–8	–
. nährstoffkräftig (K)		7	8–10
. mittlere Nährstoffvers. (M)	Eichenmischwälder	6	8–10
. ziemlich nährstoffarm (Z)		5–6	6–8
. nährstoffarm (A)	Ei-Ki-Wälder	4–5	5–6

wirtschaft nur auf einem relativ geringen Flächenanteil möglich, z. B. in Plantagen mit Abwasser- und Gülleverrieselung.

Die Düngung von Waldbeständen wird schon heute in größerem Umfange praktiziert. In der DDR rechnet man mit >900000 ha düngebedürftigen Standorten, davon befinden sich rund 800000 ha im Flachland und >100000 ha im Hügelland und Mittelgebirge. Auf diesen Standorten werden durch Düngung (überwiegend Stickstoff) Ertragssteigerungen von etwa $2\ m^3 \cdot a^{-1} \cdot ha^{-1}$ erreicht. Bemerkenswert ist in diesem Zusammenhang, daß der forstsanitäre Zustand immissionsgeschädigter Kiefernwälder durch Stickstoffdüngung nennenswert verbessert werden kann.

Zu den Produktivitätssteigerungen durch Aufbau hochproduktiver Waldbestände zählen:

- der Anbau von Baumarten und Zuchtsorten mit einem hohen Wirkungsgrad der Energieausnutzung. Das sind Arten bzw. Sorten, die schon bei niedrigen Beleuchtungsstärken eine positive Nettoassimilation haben. Hierzu zählen verschiedene Schattenbaumarten.
- bestmögliche Ausnutzung des Wuchsraumes durch Herbeiführung und Erhaltung einer optimalen Bestandesdichte sowie geometrisch günstiger Baumverteilung auf der Fläche [42, 44].
- Nutzung der hohen Produktivität junger Entwicklungsstadien von Waldökosystemen. Aus Abbildung 5 folgt, daß die Nettoprimärproduktion und die Menge akkumulierbarer Phytomasse in den juvenilen Stadien größer als in den fortgeschrittenen Stadien von Waldökosystemen ist. Dementsprechend arbeitet unsere Forstwirtschaft bereits seit über 150 Jahren mit Betriebsformen, die ökologisch jungen Entwicklungsstadien entsprechen. Ein typisches Beispiel dafür ist der schlagweise Hochwaldbetrieb, der heute bei uns dominiert und auch in Zukunft die bestimmende Betriebsform der DDR sein wird.

Nach zahlreichen vergleichenden Beobachtungen gelangt man zu dem Eindruck, daß natürliche Ökosysteme das natürliche Produktionspotential optimal nutzen, wenn man die Gesamt-Phytomasse betrachtet. Durch wirtschaftliche Maßnahmen, z.B. Anbau bestimmter Baumarten, ist es möglich, den Anteil nutzbarer Phytomasse zu erhöhen, ohne daß damit eine Vergrößerung der Gesamt-Phytomasseproduktion verbunden sein muß. Echte Produktivitätssteigerungen ergeben sich bei einer Veränderung der ökologischen Bedingungen, d.h. durch Verbesserung des Feuchtigkeits- oder Nährstoffangebotes.

5. Stabilität von Waldökosystemen

5.1. Bemerkungen zum Stabilitätsbegriff und zur Stabilität von Waldökosystemen, die sich im Zustand eines dynamischen Gleichgewichtes befinden

Unter Stabilität soll zunächst die Fähigkeit eines dynamischen Systems verstanden werden, in einen durch Störungen verlorengegangen Gleichgewichtszustand (S I) zurückzukehren oder – bei permanenten Störungen – einen neuen Gleichgewichtszustand (S II) anzunehmen, der diesen Einflüssen angemessen ist (Abb. 16).

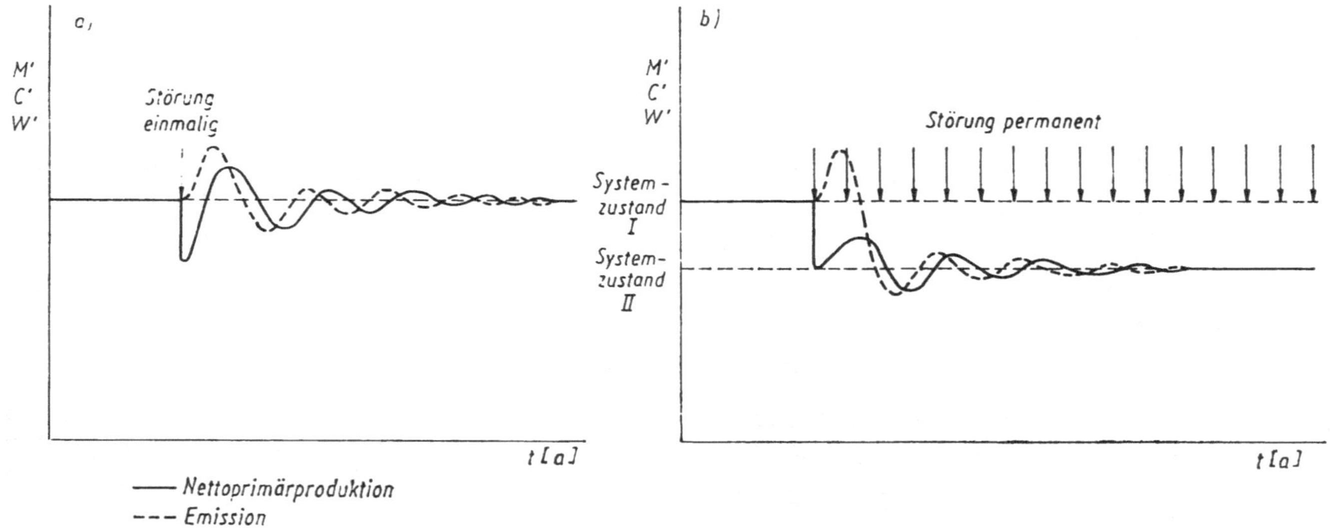

Abb. 16 Selbstregulation natürlicher Ökosysteme, die sich im Klimax-Stadium befinden, bei einmaligen Störungen (a) und permanenten Störungen (b). Die ausgezogene Linie stellt die Nettoprimärproduktion P_N, die unterbrochene die Emission E dar.

Die in Form einer gedämpften Schwingung um eine den Gleichgewichtszustand kennzeichnende Mittellinie zu erwartende Selbstregulation kommt durch Lichtungszuwachs oder vorübergehendes Auftreten von Pionierbaumarten in den gestörten Beständen zustande.

Um permanente Störungen handelt es sich beispielsweise, wenn auf einem Waldstandort das Grundwasser abgesenkt wurde oder wenn ein Waldbestand ständigen SO_2-Einwirkungen ausgesetzt ist.

Die Stabilität solcher Waldökosysteme ist abhängig

- von der Schwingungsamplitude, die ein Maß für ihre Reaktion auf Störungen einer bestimmten Größe sein kann (1. Form der Stabilität nach KLOMP [18]. Wir bezeichnen diese Erscheinung als Empfindlichkeit (Sensibilität) eines Ökosystems;

- von der Amplitudengröße, der sie ausgesetzt werden können, ohne zerstört zu werden (2. Form der Stabilität nach KLOMP [18]). Wir bezeichnen diese als Stabilitätsbereich.

Dementsprechend können der Produktionsverlust ΔP als Maß für die Empfindlichkeit (Amplitude) und die Grenze der Regenerationsfähigkeit ΔP_{krit} als Maß für den Stabilitätsbereich reifer Waldökosysteme dienen.

Bei permanenten Störungen, die sowohl ein negatives (Schadeinwirkungen) als auch ein positives Vorzeichen haben können (Meliorationen), stellt sich ein neuer Systemzustand S II ein (s. Abb. 16). Die Differenz ΔS = S I − S II (meßbar durch die Nettoprimärproduktion) ist offenbar ein Maß für die Stärke der Umweltänderungen − ΔS. Werden diese aufgehoben, so verändert sich das System S II allmählich oder sprunghaft in den alten Zustand S I zurück.

Von der Größe ΔS, die auch als eine Potentialdifferenz aufgefaßt werden kann, sind sowohl der Aufwand zur Aufrechterhaltung des künstlichen Systemzustandes S II als auch die Stabilität des Systems S II abhängig.

Daraus ergibt sich die These: Je größer ΔS ist, um so stärker ist offenbar auch die Tendenz, aus diesem unwahrscheinlichen Systemzustand S II in den wahrscheinlicheren Systemzustand S I zurückzukehren.

Die geschilderten Fälle treffen zu, wenn es sich um natürliche Waldökosysteme im Klimaxstadium mit einem dynamischen Gleichgewichtszustand handelt. Auch bei Plenterwäldern, die sich im Plentergleichgewicht befinden, kann man ähnliche Stabilitätsverhältnisse annehmen.

Abb. 17 Schematische Darstellung einer regenerierbaren Störung in einem gleichaltrigen Waldbestand (s. Abb. 7) nach Kulmination der Nettoprimärproduktion

a) laufende Nettoprimärproduktion sowie Emission durch Nutzung (E_U) und Mortalität (E_M) pro Zeit- und Flächeneinheit

b) für die Akkumulation verbleibende lebende Biomasse pro Zeit- und Flächeneinheit

c) Akkumulation lebender Biomasse pro Flächeneinheit

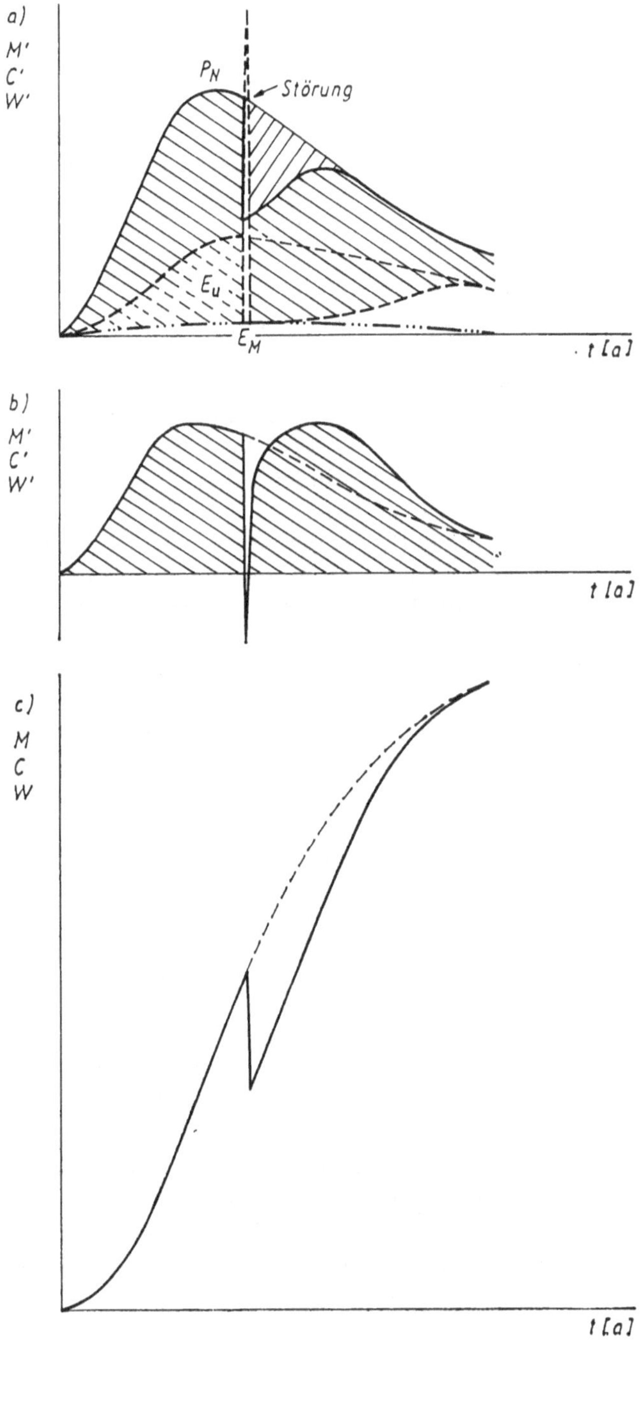

Abb. 17

5.2.1. Definition

Es wurde bereits dargelegt (s. Abschn. 2.2.2.), daß sich die bei uns dominierenden gleichaltrigen Waldbestände nicht im Gleichgewichtszustand befinden. Aus diesem Grunde müssen die soeben dargelegten Stabilitätsprinzipien mehr oder weniger abgewandelt werden.

Zur Veranschaulichung der hier auftretenden Situation wird auf Abbildung 17 ein regenerationsfähiges Forstökosystem dargestellt. Das Grundmodell entspricht Abbildung 7. Wir unterstellen, daß kurz nach der Kulmination der Nettoprimärproduktion eine Störung eintritt (z. B. ein Schneebruch), die zu einem nennenswerten Produktionsausfall führt. Wird die Stabilitätsgrenze nicht überschritten, so regeneriert sich der Bestand und die Kurve der Nettoprimärproduktion führt nach Ablauf einer bestimmten Frist wieder auf die Normalkurve zurück.

Die eingetretene Störung bewirkt einen Pik bei der ausscheidenden Substanz E (Abb. 17a). Da dieser Pik höher als die Nettoprimärproduktion ist (Abb. 17b), wird die Menge der akkumulierten lebenden Biomasse vermindert (Abb. 17c).

Scheidet in dem aufgelichteten Bestand in den darauffolgenden Jahren nur wenig Biomasse aus, so kommt es bei einer wieder zunehmenden Nettoprimärproduktion bald zu einer entsprechenden Akkumulation lebender Biomasse. Im Falle einer solchen Regeneration des gestörten Forstökosystems nähern sich die Kurven der Nettoprimärproduktion und der Akkumulation denen des ungestörten Wachstumsprozesses.

Wurde dagegen die Stabilitätsgrenze überschritten, so ist das Forstökosystem nicht regenerationsfähig. In diesem Falle führt die Kurve der Nettoprimärproduktion nicht auf die Normalkurve zurück. Häufig fallen auch in der Folgezeit weiterhin Mengen toter Phytomasse an (Nachbrüche), so daß keine entsprechende Akkumulation zustande kommt und der betreffende Waldbestand früher oder später zerstört wird.

Das sei am Beispiel zweier durch Schnee- oder Windbruch im Alter von 50 Jahren aufgelichteter Fichtenbestände veranschaulicht [40] (Abb. 18).

Wurde die Bestandesdichte auf einen Bestockungsgrad von $B = 0{,}6$ vermindert, so erreicht ein solcher Bestand nach 33 Jahren auf Grund seines hohen Zuwachses und der damit verbundenen Akkumulation erneut den vollen Dichtschluß. Wurde der Bestockungsgrad jedoch auf $B = 0{,}4$ gesenkt, so schließt sich ein solcher Waldbestand innerhalb des gebräuchlichen Produktionszeitraumes nicht wieder. Die vorhandenen permanenten Lücken sind meist Ansatzpunkte für weitere Schäden, die dann häufig zur vollständigen Zerstörung des Bestandes führen.

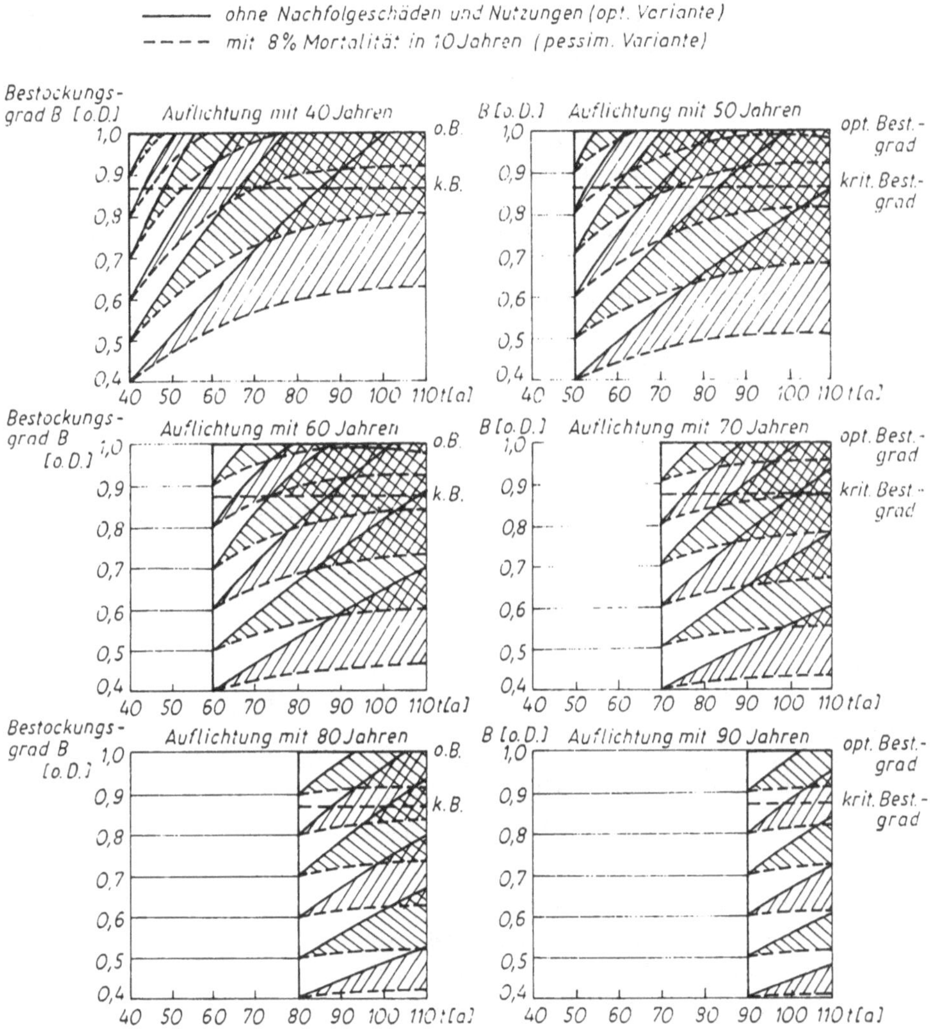

Abb. 18 Entwicklung der Bestockungsgrades gleichaltriger Fichtenbestände in Abhängigkeit vom Bestandesalter (40–90 Jahre) und Auflichtungsgrad (0,4–0,9) zur Zeit der Auflichtung (THOMASIUS [40]). Ertragstafel von ASSMANN u. FRANZ [1])

Nach diesen Darstellungen über das Verhalten gleichaltriger Forstökosysteme soll mit deren Stabilität vorerst die Fähigkeit bezeichnet werden, innerhalb der gebräuchlichen Produktionszeiträume die altersentsprechende Nettoprimärproduktion wieder hervorzubringen.

Wegen der in gleichaltrigen Waldbeständen herrschenden Wachstumsgesetze nimmt diese Fähigkeit, bei gleichem Schädigungsgrad, mit dem Alter ab. Wir postulieren deshalb, daß die Stabilität S und die Instabilität $J = 1 - S$ in gleichaltrigen Beständen altersabhängige Größen sind.

Auf Grund dieses Sachverhaltes muß man bei einer Quantifizierung der Stabilität gleichaltriger Forstökosysteme ein Bezugsalter festlegen. Wir schlagen dafür den Zeitpunkt der Kulmination des durchschnittlichen Gesamtzuwachses vor, der etwa dem normalen Produktionszeitraum t_U entspricht. Bei Fichte sind das rund 100 Jahre.

Zur Quantifizierung der Stabilität gleichaltriger Waldbestände schlagen wir vor, die Wahrscheinlichkeit W dafür zu benutzen, daß ein Bestockungstyp x auf dem Standortstyp y die bei störungsfreier Entwicklung im Alter von $t = t_U$ Jahren zu erwartende durchschnittliche Produktionsgröße $\overline{P}$ erreicht, d.h.

$$S = W(x, y, t_U)$$

Nach dieser Definition nimmt die Stabilität von Forstökosystemen numerische Werte an, die zwischen

$$0 \leq S \leq 1$$

liegen.

Die Größe S kann mit Hilfe langjähriger Betriebsstatistiken geschätzt werden.

Für einige wichtige Standortseinheiten im Hügelland und Mittelgebirge der DDR wurden unter Benutzung der Unterlagen zur Baumartenoptimierung [46] die in Tabelle 15 angegebenen Werte für gleichaltrige Fichtenbestände geschätzt.

Aus dieser Tabelle geht hervor:

- Die Stabilität gleichaltriger Fichten-Ökosysteme ist durchweg geringer als die der entsprechenden naturnahen Bestockungen.
- Auf Naßstandorten ist die Stabilität von Fichtenbeständen niedriger als auf terrestrischen Standorten.
- Auf nährstoffreichen und kräftigen Standorten ist die Stabilität von Fichtenbeständen niedriger als auf mittleren und ärmeren Standorten.

5.2.2. Stabilitätsbeeinflussende Faktoren

Bei einer Prüfung des Stabilitätsverhaltens von Waldökosystemen kann man nicht von einer Stabilität schlechthin sprechen, sondern man muß nach der Stabilität bzw. Instabilität gegenüber bestimmten Störfaktoren fragen. Häufig kommt es zur Überlagerung mehrerer Störfaktoren, die zu Komplexwirkungen

Tabelle 15 Schätzwerte der totalen Stabilität von Fichtenreinbeständen und naturnahen Mischbeständen auf einigen Standortseinheiten im Mittelgebirge und Hügelland der DDR ($S = W(x, y, t_u)$)

Charakterisierung des Standortes	$S = W(x, y, t_u)$		
	naturnahe Bestände		Fichten-rein-bestände
	Baumart bzw. Baumartenkombination	numerischer Wert	
mittlere Berglagen			
– organische Naßstandorte (O)	Roterle	0,9–1,0	0,4–0,5
– mineralische Naßstandorte (N)			
· nährstoffreich (R)	Edellaubbaum-	0,9–1,0	0,4–0,5
· nährstoffkräftig (K)	Mischbestände	0,9–1,0	0,4–0,6
· mittlere Nährstoffvers. (M)	Roterle	0,9–1,0	0,5–0,6
· ziemlich nährstoffarm (Z)			0,6
· nährstoffarm (A)			0,6–0,7
– terrestrische Standorte			
· nährstoffreich (R)	Buchenwälder	0,8–0,9	0,6–0,7
· nährstoffkräftig (K)	Buchenwälder	0,8–0,9	0,6–0,7
· mittlere Nährstoffvers. (M)	Buchenwälder	0,8–0,9	0,7–0,8
· ziemlich nährstoffarm (Z)	Laub-Nd.-Mischw.	0,8	0,7–0,8
· nährstoffarm (A)	Höhenkiefer u.a.	0,8	0,8
untere Berglagen und Hügelland			
– mineralische Naßstandorte (N)			
· nährstoffreich (R)	Edellaubbaum-	0,9–1,0	0,4–0,5
· nährstoffkräftig (K)	Mischbestände	0,9–1,0	0,4–0,6
· mittlere Nährstoffvers. (M)	Eichenmischwälder	0,9–1,0	0,5–0,6
· ziemlich nährstoffarm (Z)	Eichenmischwälder	0,9–1,0	0,5–0,6
· nährstoffarm (A)	Eichen-Bi-Wälder	0,9	0,6–0,7
– terrestrische Standorte			
· nährstoffreich (R)	Buchenmischwälder	0,8–0,9	0,6–0,7
· nährstoffkräftig (K)	Buchenmischwälder	0,8–0,9	0,6–0,7
· mittlere Nährstoffvers. (M)	Eichenmischwälder	0,9–1,0	0,7–0,8
· ziemlich nährstoffarm (Z)	Eichenmischwälder	0,9–1,0	0,7–0,8
· nährstoffarm (A)	Ei-Ki-Wälder	0,9	0,8

führen. Solche Überlagerungen mehrerer Störgrößen werden mit unserem Stabilitätsmodell wie folgt dargestellt:

$$S_{x,y,t_u} = W(A, B, \dots K) = w(A)w(B) \dots w(K).$$

Dabei bezeichnen

$A, B, \dots K$ die verschiedenen Störfaktoren und

$w(A), w(B), \dots w(K)$ die durch jeden einzelnen Störfaktor bewirkte partielle Stabilitätsbeeinflussung.

Bei den in Tabelle 15 angegebenen Stabilitätsparametern wurde eine solche Aufspaltung in verschiedene stabilitätsbeeinflussende Faktoren noch nicht vorgenommen. Das ist aber notwendig, weil man die Stabilität von Forstökosystemen nur dann erhöhen kann, wenn die einzelnen Störgrößen und deren Auswirkungen auf die Stabilität des betreffenden Ökosystems hinreichend bekannt sind.

Als Störfaktoren können z. B. in Fichten-Ökosystemen auftreten:

abiotische Faktoren,

Sturm, Schnee, Trockenheit, Vernässung

- biotische Faktoren

Wurzelpilze und holzzerstörende Pilze, Insekten, Wild

anthropogene Faktoren

Rückeschäden, Fehler der Bestandesbehandlung, Immissionsschäden.

Tabelle 16 Veranschaulichung der unterschiedlichen Wirkung zweier, die Stabilität von Fichtenreinbeständen beeinträchtigender Faktoren bei gleicher Gesamt-Stabilität

Höhenstufe	partielle Stabilitätsparameter W		totaler Stabilitätsparameter W
	W (Schnee)	W (Rotfäule)	
untere Lagen und Hügelland	0,90	0,68	0,70
mittlere Lagen	0,75	0,93	0,70

Es ist eine Aufgabe der weiteren Forschung, die Stabilitätsparameter für die wichtigsten Forstökosysteme x auf den verbreitetsten Standortseinheiten y zu ermitteln und die ihnen zugrunde liegenden Ursachen quantitativ zu erfassen. So kann sich z. B. ein für terrestrische Standorte zutreffender Stabilitätswert von $S = 0,7$ in den unteren Berglagen und im Hügelland aus einer ganz anderen Konstellation der Störfaktoren ergeben als es in den mittleren Berglagen der Fall ist (Tab. 16).

Dieses Beispiel sollte die Methodik unserer Stabilitätsbewertung veranschaulichen; die in Tabelle 16 enthaltenen numerischen Werte wurden nur geschätzt.

5.2.3. Innere und äußere Stabilität von Forstökosystemen unterschiedlicher Hierarchieebenen

Bei der Betrachtung von Waldökosystemen muß man verschiedene Hierarchieebenen unterscheiden. Die unterste Ebene sind Bäume mit bestimmten Wachstumsgesetzen und Stabilitätseigenschaften. Die nächst höhere Ebene stellen Waldbestände dar, die eine bestimmte Flächenausdehnung besitzen, in sich mehr oder weniger homogen sind und sich von ihrer Umgebung deutlich abgrenzen lassen. Diese Ebene war vor allem der Gegenstand der bisherigen Betrachtungen. Die nächst höhere Ebene sind größere Waldkomplexe, in denen bestimmte Nachbarschaftsbeziehungen zwischen den einzelnen Waldbeständen auftreten, die oft in hohem Maße stabilitätsbeeinflussend sind. So kann z.B. der Schlag eines bestimmten Waldbestandes die Zerstörung des Nachbarbestandes zur Folge haben, wenn dadurch für Stürme eine Angriffsfläche geschaffen wird.

Aus diesen Darlegungen folgt, daß es erforderlich ist, zwischen der Stabilität verschiedener Hierarchieebenen des Systems Waldfonds zu unterscheiden [43].

Aus der Sicht der Hierarchieebene „Waldbestand" ergibt sich die Notwendigkeit, zwischen einer inneren und äußeren Stabilität zu differenzieren. Die innere Stabilität ergibt sich aus Eigenschaften, die in der Hierarchieebene „Waldbestand" selbst liegen. Dazu gehören:

- Komponenten des Standortes
  - Geländeausformung (Relief)
  - Bodeneigenschaften
  - Wasserhaushalt
  - standortsspezifische Schneebelastungen
- Komponenten der Bestockung
  - Baumart
  - Bestandestyp
  - Bewurzelung
  - Gesundheitszustand
- Bewirtschaftung
  - Pflanzverband
  - Bestandesdichte und Kronenausbildung
  - Vertikalstruktur
  - Pflegezustand
  - technologischer Aufschluß
  - Rückeschäden
  - Schälschäden.

Nicht weniger bedeutungsvoll ist die „äußere Stabilität", die sich im schlagweisen Hochwaldbetrieb aus dem räumlichen Nebeneinander von Beständen unterschiedlichen Alters, unterschiedlicher Höhe und unterschiedlicher innerer Stabilität ergibt. Die von der räumlichen und zeitlichen Ordnung in hohem Maße abhängige Stabilität größerer Waldareale sei an dieser Stelle nur angedeutet. Sie ist für eine vorwiegend mit gleichaltrigen Monokulturen arbeitende Forstwirtschaft, wie es in der DDR der Fall ist, von eminenter Bedeutung und bedarf vor allem aus theoretischer Sicht noch einer eingehenden Erforschung.

6. Zusammenfassung

Rund 30% der Kontinente sind mit Wäldern und offenen Gehölzformationen bedeckt. In ihnen sind etwa 10^{12} t lebende Biomasse akkumuliert. Das entspricht bei etwa $18 \cdot 10^{21}$ J Wärmeeinheiten dem $1^1/_2$fachen der sicheren und wahrscheinlichen Erdölvorräte. Im Gegensatz zu den fossilen Energieträgern werden die in den Wäldern akkumulierten Rohstoffe und Energien laufend reproduziert. Man kann pro Jahr mit einer Stoffproduktion von etwa 50 Md. t in Wäldern und sonstigen Gehölzbeständen rechnen.

Auf einige der bei dieser Stoffproduktion und Energiebindung auftretenden Gesetzmäßigkeiten wird eingegangen. So durchlaufen natürliche Waldökosysteme mehrere Entwicklungsstadien, in deren Verlauf sich die Relationen zwischen Stoffaufbau und -abbau verändern. Während in jungen Entwicklungsstadien der Aufbau überwiegt, halten sich in den reifen Stadien (Klimax) Auf- und Abbau die Waage, so daß die Sauerstoffbilanz Null ist. In künstlichen Waldökosystemen treten Alterungsprozesse auf, die schließlich zum Zerfall dieser Waldbestände führen. Diese Prozesse können durch Waldpflegemaßnahmen verzögert werden. In normalen Wirtschaftswäldern erfolgt die Nutzung der Waldbestände – auch aus ertragskundlichen Gründen – bereits vor dem Eintritt solcher Zerfallsstadien.

Aufbauend auf einem ökologisch begründeten Gliederungsprinzip wird die Produktivität der wichtigsten Vegetationseinheiten global dargestellt. Einige der dabei auftretenden Gesetzmäßigkeiten werden in einer Produktionsformel der Biomasseerzeugung mit den Eingangsgrößen Nettostrahlung und Feuchtigkeit mathematisch beschrieben. Von diesen Produktivitätswerten ausgehend werden die Energiefixierung pro Zeit- und Flächeneinheit und der Wirkungsgrad der Energieausnutzung abgeleitet.

Nach diesen Darstellungen zum natürlichen Produktionspotential werden Angaben zu Steigerungsmöglichkeiten der Stoffproduktion in künstlichen Waldökosystemen mitgeteilt. Abschließend werden eine Definition der Stabilität natürlicher und künstlicher Waldökosysteme und Vorschläge zu ihrer Quantifizierung mit Wahrscheinlichkeitsparametern unterbreitet. Da unsere Wälder zusammengesetzte Systeme mit verschiedenen Hierarchieebenen darstellen, muß auch zwischen Stabilität in der Ebene des einzelnen Baumes, des Waldbestandes, der Betriebsklasse und der verschiedenen Nachhalteinheiten unterschieden werden.

7. Literaturverzeichnis

[1] Assmann, E., u. F. Franz: Vorläufige Fichten-Ertragstafel für Bayern. Forstwiss. Cbl. 84 (1965) 15–43.

[2] Basilevich, N. J., Rodin, L. E., u. N. N. Rosov: Untersuchungen der biologischen Produktivität aus geographischer Sicht. Ber. 5. Tg. Geogr. Ges. d. UdSSR, Leningrad 1970.

[3] Basilevich, N. J., u. L. E. Rodin: Geographische Abhängigkeit der Produktivität und Zirkulation chemischer Elemente in den Hauptvegetationstypen der Erde. Sov. Geogr. Ber. 12 (1) 1971, 24–53.

[4] Becking, J. H.: Ein Vergleich der Holzproduktion im gemäßigten und tropischen Klima. In: Die Stoffproduktion der Pflanzendecke. Stuttgart 1962, 128–133.

[5] Binswanger, H. C., Geissberger, W., u. Th. Ginsburg: NAWU-Report. Frankfurt/M. 1978.

[6] Blossfeld, O., Fiedler, F., Nebe, W., u. O. Wienhaus: Komplexe Gewinnung und Verwertung der im Walde erzeugten Biomasse. Tharandt 1978 (n. publ.).

[7] Bray, J. R.: The primary productivity of vegetation in central Minnesota, USA, and its relationship to chlorophyll content and albedo. In: Lieth, H. (Herausgb.): Die Stoffproduktion der Pflanzendecke. Stuttgart 1962, 102–107.

[8] Brüning, E. F.: Forstliche Produktionslehre. Bern und Frankfurt/M. 1971.

[9] Carbonnier, Ch.: Die Ertragsleistung der Kiefer in Schweden. In: Aktuelle Probleme der Kiefernwirtschaft. Dt. Akad. Landwirtschaftswiss., Tag.-Ber. Nr. 75, Berlin 1965, 47–61.

[10] Drift, J. v. d.: Production and decomposition of organic material in an Oakwood. In: Progress report 1968–1969, Netherlands Committee for the IBP (Ed.). Amsterdam, London: North Holland, Publishing 10, 1970, pp. 10–11.

[11] Droste-Hülshoff, B. v.: Struktur und Biomasse eines Fichtenbestandes auf Grund einer Dimensionsanalyse an oberirdischen Baumorganen. Diss. München 1969.

[12] Duvigneaud, P., u. S. Denaeyer-De Smet: Biomasses, Productivity and Mineral cycling in Deciduous Mixed Forests in Belgium. In: Primary Productivity and mineral cycling in natural ecosystems. New York 1967.

[13] Ellenberg, H.: Ziele und Stand der Ökosystemforschung. In: Ellenberg, H. (Herausgb.): Ökosystemforschung. Berlin, Heidelberg, New York 1973, 1–31.

[14] FAO: Forestresources of the world. Washington 1948.

[15] Fiedler, F.: Die forstliche Biomasse. Techn. Univ. Dresden, Informationen 21-08-78 (als Manuskr. gedruckt).

[16] Filzer, P.: Die natürlichen Grundlagen des Pflanzenertrages in Mitteleuropa. Stuttgart 1951.

[17] Hughes, M. K.: Tree biocontent, net production and litter fall in a deciduous woodland. Oikos **22** (1971) 62–73.

[18] Klomp, H.: Over de relatie tussen diversiteit en stabiliteit in ecosystemen. Vakblad voor Biologen. **57** (1977) 50–56. Hilversum.

[19] Lieth, H.: Versuch einer kartographischen Darstellung der Produktivität der Pflanzendecke auf der Erde. In: Geogr. Taschenbuch 1964/65. Wiesbaden 1964, 72–80.

[20] Lieth, H.: Ökologische Fragestellungen bei der Untersuchung der biologischen Stoffproduktion. Qualitas Plantarum of Materiae Vegetabiles **12** (1965) 241–261.

[21] Lieth, H.: Über die Primärproduktion der Pflanzendecke der Erde. Z. Angew. Bot. **46** (1972) 1–37.

[22] Lieth, H.: Primary Production: Terrestrical Ecosystem. J. of Human Ecology **1** (1973) 303–332.

[23] Lieth, H.: Primary productivity in ecosystems: comparative analysis of global patterns. In: Dobben, W. H. van, u. R. H. Lowe-Mc Connel (Herausgb.): Unifying concepts in ecology. Rep. of the plenary sess. of the First intern. congress of ecology. The Hague, Netherlands, Sept. 8–14, 1974, The Hague 1975, 67–88.

[24] Lieth, H.: Primary production: Terrestrial Ecosystems. In: Internat. post-graduate training cource on ecosyst. management at the Technic. Univ. of Dresden 1977, Vol. II, 1, 18–29.

[25] Lieth, H., u. B. Pflanz: The measurement of calorific values of biological material and the determination of ecological effeciency. In: Eckardt, F. E. (Herausgb.): Funct. of Terrestrial Ecosystems at the Primary Production Level. Proc. of the Copenhagen Symp. 1965, Nat. Resourc. Res. 5, UNESCO; Paris 1968, 233–242.

[26] Lieth, H. u. R. H. Whittaker: Primary Productivity of the Biosphere. Ecological studies No. 14, New York 1975.

[27] Margalef, R.: Comunidades Naturales. Managuez 1962.

[28] Mitscherlich, G.: Wald, Wachstum und Umwelt. Bd. 3: Boden, Luft und Produktion. Frankfurt/M. 1975.

[29] Müller, D., u. J. Nielsen: Produktion brutte, pertes par respiration et produktion nette dans la forest ombrophile tropicals. Forstl. Forsgsv. Danmark, Rep. No. 174–178, 1965.

[30] Murphy, P. G.: Net Primary Productivity in Tropical Terrestrial Ecosystems. In: Lieth, H., u. R. H. Whittaker (Herausgb.): Primary Productivity of the Biosphere. Ecolog. Studies 14, New York 1975.

[31] Odum, E. P.: Fundamentals of ecology. 3. Ed. Philadelphia 1971.

[32] Ovington, J. D., u. D. Heitkamp: The accumulation of energy in forest plantations in Britain. J. Ecol. **48** (1960) 639–646.

[33] Paterson, S. S.: The forest area of the world and its potential productivity. Royal Univ. Göteborg, Dep. of Geogr. 1956.

[34] Reichle, D. (Herausgb.): Analysis of Temperate Forest Ecosystems. New York 1970.

[35] Rodin, L. E., u. N. J. Basilevich: Production and Mineral Cycling in Terrestrial Vegetation. Oliver and Boyd, Edinburgh 1966.

[36] Runge, M.: Der biologische Energieumsatz in Land-Ökosystemen unter Einfluß des Menschen. In: Ellenberg, H. (Herausgb.): Ökosystemforschung. Berlin, Heidelberg, New York 1973, 123–141.

[37] Runge, M.: Energieumsätze in den Biozönosen terrestrischer Ökosysteme. Scripta Geobotanica H. 4, Göttingen 1973.

[38] Satoo, T.: Primary Production. Relations in Woodlands of Pinus densiflora. In: Symposium on primary Productivity and mineral cycling in natural Ecosystems. New York 1967, 52–80.

[39] Steinlin, H.: Die Holzproduktion der Welt. Ökologische, soziale und ökonomische Aspekte. Schweiz. Z. Forstwes. **130** (1979) 109–131.

[40] Thomasius, H.: Studie über das weitere Wachstum und die Regenerationsfähigkeit sturmgeschädigter Fichtenbestände im Mittelgebirge. Sozialist. Forstwirtsch. **23** (1973) 170–175.

[41] Thomasius, H.: a) Volkswirtschaftliche Bedeutung und Stabilität von Fichten-Ökosystemen. Vortr. anläßl. eines Symposiums im Rahmen des MAB-Programmes 2 am 27. 9. 1978 in Brno, ČSSR (im Druck).

[42] Thomasius, H.: b) Modell des gleichaltrigen Reinbestandes. In: Wiss. Tagung d. Sekt. Forstwirtsch. Tharandt vom 16.–18. 10. 1978, Bd. II, 1978, 122–148.

[43] Thomasius, H.: Aufgaben der forstwissenschaftlichen Grundlagenforschung an der Sektion Forstwirtschaft Tharandt. Plenar-Vortrag anläßl. d. 150-Jahr-Feier der TU

Dresden, Sekt. Forstwirtsch. Tharandt, am 16. 10. 1978. Beitr. f. d. Forstwirtsch. **14** (1980) 67–71

[44] THOMASIUS, H. O., u. H. H. THOMASIUS: Ableitung eines Verfahrens zur Berechnung der ertragskundlich optimalen Bestandesdichte. Beitr. f. d. Forstwirtsch. **12** (1978) 79 Mikrofish).

[45] Univ. of Agric., Fac. of Forestry: Ecosystem study on floodplain forest in South Moravia. Brno 1974.

[46] VEB Forstprojektierung Potsdam: Vorschlag für eine optimale Baumartenzusammensetzung auf lange Sicht im Gesamtwald der DDR. Potsdam 1969.

[47] VYSKOT, M.: Tree Story Biomass in Lowland Forests in South Moravia. Praha 1976.

[48] WALTER, H.: Die Vegetation der Erde in öko-physiologischer Betrachtung. Bd. I: Die tropischen und subtropischen Zonen. Bd. II: Die gemäßigten und arktischen Zonen. Jena 1968 (Bd. II) und 1973 (3. Aufl., Bd. I).

[49] WALTER, H.: Vegetationszonen und Klima. Jena 1970.

[50] WALTER, H.: Die Vegetation Osteuropas, Nord- und Zentralasiens. Stuttgart 1974.

[51] WALTER, H.: Die ökologischen Systeme der Kontinente (Biogeosphäre). Prinzipien ihrer Gliederung mit Beispielen. Stuttgart, New York 1976.

[52] WECK, J.: Die Wälder der Erde. Berlin, Göttingen, Heidelberg 1957.

[53] WHITTAKER, R. H., u. G. M. WOODWELL: Structure, production and diversity of the oak-pine-forest at Brockhaven. J. Ecol. **57** (1969) 154–174.

[54] Akad. nauk SSSR, Sibirskoe otdelenie, Institut lesa i drevesiny im. W. N. Sukačeva: Produktivnost' sosnovych lesov. Moskva 1978.

[55] BAZILEVIČ, N. I.: Produktivnost' i biologičeskij krugovorot o mochovych bolotach južnogo Vasjugan'ja. Iz: Rastitel'nye resursy t. 3, vyp. 4, Moskva 1967, str. 567–589.

[56] BUDYKO, M. I.: Klimat i žizn'. Gidrometeorol. izdat., Leningrad 1971.

[57] BUDYKO, M. I.: Atlas teplogo balansa zemnogo šara. Moskva 1963.

[58] BATKOVSKIJ: Analiz formirovanija percičnoj produktivnosti lesov. Nauka, Moskva 1976.

[59] MOLČANOV, A. A.: Produktivnost' organičeskoj massy v lesach različnych zon. Nauka, Moskva 1971.

[60] NEKLJUKOVA, N. P.: Obščee zemlevedenie. Prosveščenie, Moskva 1976.

[61] SMIRNOV, V. V.: Organičeskaja massa v nekotorych lesnych fitocenozach evropejskoj žasti SSSR. Nauka, Moskva 1971.

Tabelle 3 Strahlungs-Trockenheitsindex $B = \frac{Q}{L \cdot N}$ [o. D.] nach BUDYKO [56] in Abhängigkeit von Nettostrahlung Q und Niedersc

Q_a [$TJ \cdot a^{-1} \cdot ha^{-1}$]	Niederschlag N ([$Gg \cdot a^{-1} \cdot ha^{-1}$]															
	1	2	3	4	5	6	7	8	9	10	11	12	13	14	15	16
5	2,0	1,0	0,7	0,5	0,4	0,3	0,3	0,25	0,22	0,20	0,18	0,17	0,15	0,14	0,13	0,13
10	4,0	2,0	1,3	1,0	0,8	0,7	0,6	0,5	0,5	0,4	0,4	0,3	0,3	0,29	0,27	0,25
15	6,1	3,0	2,0	1,5	1,2	1,0	0,9	0,8	0,7	0,6	0,6	0,5	0,5	0,4	0,4	0,4
20	8,1	4,0	2,7	2,0	1,6	1,4	1,2	1,0	0,9	0,8	0,7	0,7	0,6	0,6	0,5	0,5
25	10,1	5,1	3,4	2,5	2,0	1.7	1,5	1,3	1,1	1,0	0,9	0,8	0,8	0,7	0,7	0,6
30	12,2	6,1	4,1	3,1	2,4	2,0	1.8	1,5	1,4	1,2	1,1	1,0	0,9	0,9	0,8	0,8
35	14,3	7,1	4,8	3,6	2,9	2,4	2,0	1.8	1.6	1,4	1,3	1.2	1,1	1,0	1,0	0,9
40	16,4	8,2	5,4	4,1	3,3	2.7	2.3	2,0	1,8	1,6	1,5	1.4	1,3	1,2	1,1	1,0
45	18,4	9,2	6,1	4,6	3,7	3,1	2,6	2,3	2,1	1,8	1,7	1,5	1,4	1,3	1,2	1,2
	Wüste						Halbwüste			Grasland Steppe			Baum-Savanne Waldsteppe			

…mm · a^{-1})]													T_a [°C]	L [kJ · g^{-1}]	Bemerkungen
18	19	20	21	22	23	24	25	26	27	28	29	30			
0,11	0,11	0,10	0,10	0,09	0,09	0,08	0,08	0,08	0,07	0,07	0,07	0,07	0	2,498	Tundra und analoge Vegetationsformen
0,23	0,21	0,20	0,19	0,18	0,17	0,17	0,16	0,15	0,15	0,14	0,14	0,13	5	2,488	
0,3	0,3	0,3	0,29	0,27	0,26	0,25	0,24	0,23	0,22	0,22	0,21	0,20	9	2,480	
0,5	0,4	0,4	0,4	0,4	0,4	0,3	0,3	0,3	0,3	0,29	0,27	0,27	12	2,473	
0,6	0,5	0,5	0,5	0,5	0,4	0,4	0,4	0,4	0,4	0,4	0,3	0,3	15	2,465	Feuchtwald
0,7	0,6	0,6	0,6	0,6	0,5	0,5	0,5	0,5	0,5	0,4	0,4	0,4	18	2,457	
0,8	0,8	0,7	0,7	0,6	0,6	0,6	0,6	0,6	0,5	0,5	0,5	0,5	20	2,452	
0,9	0,9	0,8	0,8	0,7	0,7	0,7	0,7	0,6	0,6	0,6	0,6	0,5	22	2,447	
1,0	1,0	0,9	0,9	0,8	0,8	0,8	0,7	0,7	0,7	0,7	0,6	0,6	24	2,442	
…ter Wald (…nlaubwald)		dichter Wald (Breitlaubwald)													

Tabelle 4 Ökologische Bedingungen, Stoffproduktion und Energiebindung charakteristischer Vegetationseinheiten in äquato

Bezeichnung der Vegetationseinheit	Nettostrahlung	Temperatur			Niederschlag	Strahlungs-Trockenheits-Index
	Q_a [$TJ \cdot a^{-1} \cdot ha^{-1}$] [$10\,kJ \cdot a^{-1} \cdot cm^{-2}$]	T_a [°C]	ΔT [°C]	Anzahl d. Monate mit $T_m < 0$°C [$St \cdot a^{-1}$]	N_a [$Gg \cdot a^{-1} \cdot ha^{-1}$] [$10^2\,mm \cdot a^{-1}$]	$B = \frac{Q}{N \cdot L}$ [o. D.]
1. Gebiete mit permanenten oder mit Sommer-Niederschlägen						
1.1. Vegetationseinheiten der klimatisch-edaphischen Normalreihe						
– immergrüner Breitlaubwald	25–42	24–28	<4	0	18–>30	0,3–0,8
– halbimmergrüner Breitlaubwald	25–40	24–28	3–5	0	13– 20	0,4–1,0
– regengrüner Breitlaubwald	24–38	22–28	>4	0	10– 14	0,6–1,2
– regengrüner Kleinlaubwald	24–35	22–28	>4	0	7– 12	0,8–1,5
– Baum- und Strauchsavanne	23–33	>20	>4	0	5– 9	1,0–1,8
– Grasland	22–30	>20	>4	0	3– 6	1,5–2,0
– Halbwüste und Wüste	20–28	>20	>4	0	<3	>2,0
1.2. Vegetationseinheiten verschiedener Höhenstufen der klimatisch-edaphischen Normalreihe						
– immergrüner Gebirgslaubwald		15–20	mit der Höhenlage zunehmende Tages-schwankungen	0	>25	
– Gebirgsmischwald		10–15		0	>30	
– Gebirgsnadelwald		5–10		?	Nebelregion	
– Knieholz		< 5		?	?	
2. Gebiete mit Winter-Niederschlägen						
– immergrüner Breitlaubwald					siehe oben	
– immergrüner Hartlaubwald		>20	>4	0	10– 20	
– Hartlaub- und Dornbusch		>20	>4	0	6– 12	
– Halbwüste und Wüste					siehe oben	

ischen und subtropischen Gebieten

Jährliche Stoffproduktion bzw. Energiebindung			Wirkungsgrad d. Energiebindung	Stoff- bzw. Energievorrat je Flächeneinheit		Koeffizient der Akkumulation
Trockenmasse M_a	Umrechnungsfaktor	Energie W_a		Trockenmasse M_{ges}	Energie W_{ges}	
[$Mg \cdot a^{-1} \cdot ha^{-1}$] [$t \cdot a^{-1} \cdot ha^{-1}$]	[$TJ \cdot Mg^{-1}$] [$TJ \cdot t^{-1}$]	[$TJ \cdot a^{-1} \cdot ha^{-1}$]	$\left[W\% = \frac{W_a}{Q_a} \cdot 100\right]$	[$Mg \cdot ha^{-1}$] [$t \cdot ha^{-1}$]	[$TJ \cdot ha^{-1}$]	A [o. D.]
20–35	0,017	0,34–0,60	1,3–1,4	400–600	6,8–10,2	17–20
15–25	0,017	0,25–0,43	1,0–1,1	300–450	5,1– 7,7	18–20
10–20	0,018	0,18–0,35	0,8–0,9	200–350	3,2– 6,3	∼18
5–12	0,018	0,09–0,22	0,4–0,6	100–250	1,8– 4,5	∼20
3– 8	0,019	0,06–0,15	0,3–0,4	40–120	0,8– 2,3	13–15
2–10	0,017	0,03–0,17	0,1–0,3	20– 50	0,3– 0,8	10– 5
0– 2	0,019	0,00–0,02	<0,1	<25	0,0– 0,5	
10–25	0,017	0,17–0,42		250–450	4,2– 7,7	18–25
5–12	0,017	0,09–0,20		150–350	2,6– 6,0	25–30
4– 8	0,018	0,07–0,14		50–180	0,9– 3,2	13–23
2– 4	0,018	0,04–0,07		30– 70	0,5– 1,3	13–19
8–15	0,02	0,16–0,30		80–200	1,6– 4,0	10–13
5–10	0,02	0,10–0,20		40–100	0,8– 2,0	8–10

Tabelle 5 Ökologische Bedingungen, Stoffproduktion und Energiebindung charakteristischer Vegetationseinheiten der gemä

Bezeichnung der Vegetationseinheit	Nettostrahlung	Temperatur			Niederschlag	Strahlungs-Trockenheits-Index
	Q_a	T_a	ΔT	Anzahl d. Monate mit	N_a	
	$[TJ \cdot a^{-1} \cdot ha^{-1}]$ [10 kJ $\cdot a^{-1} \cdot cm^{-2}$]	[°C]	[°C]	$T_m < 0$°C $[St \cdot a^{-1}]$	$[Gg \cdot a^{-1} \cdot ha^{-1}]$ $[10^2 mm \cdot a^{-1}]$	$B = \frac{Q}{N \cdot L}$ [o. D.]
1. Gebiete mit permanenten oder mit Sommer-Niederschlägen						
1.1. Vegetationseinheiten der klimatisch-edaphischen Normalreihe						
– immergrüner Breitlaubwald	20–25	10–20	<10	<1	15–25	0,4–0,7
– sommergrüner Breitlaubwald	15–23	7–12	12–20	1–2	5–12	0,6–1,0
– Waldsteppe	14–22	2– 8	18–25	2–3	4– 5	1,0–1,8
– Steppe	13–21	2– 4	20–30	2–4	3– 4	1,5–2,3
– Halbwüste und Wüste	10–20				<3	>2,0
1.2. Vegetationseinheiten verschiedener Höhenstufen der klimatisch-edaphischen Normalreihe						
– sommergrüner Gebirgsmischwald		6– 8	10–20	1–3	7–12	
– Gebirgsnadelwald		4– 7	15–25	2–5	8–20	
– Knieholz		<4	>20	>4	>15	
2. Gebiete mit Winter-Niederschlägen						
– immergrüner Breitlaubwald					siehe oben	
– immergrüner Hartlaubwald	20–25	15–20	15–20	<1	6–12	0,7–1,4
– Hartlaub- und Dornbusch	20–25	15–20	15–20	<1	4– 7	1,0–2,0
– Halbwüste und Wüste					siehe oben	
– Mischwälder und Nadelwälder der pazifischen Winterregen-Gebiete						

*) Auenwald

perierten) Breiten

Jährliche Stoffproduktion bzw. Energiebindung			Wirkungsgrad d. Energiebindung	Stoff- bzw. Energievorrat je Flächeneinheit		Koeffizient der Akkumulation A
Trockenmasse M_a	Umrechnungsfaktor	Energie W_a		Trockenmasse M_{ges}	Energie W_{ges}	
$[Mg \cdot a^{-1} \cdot ha^{-1}]$ $[t \cdot a^{-1} \cdot ha^{-1}]$	$[TJ \cdot Mg^{-1}]$ $[TJ \cdot t^{-1}]$	$[TJ \cdot a^{-1} \cdot ha^{-1}]$	$\left[W\% = \frac{W_a}{Q_a} \cdot 100\right]$	$[Mg \cdot ha^{-1}]$ $[t \cdot ha^{-1}]$	$[TJ \cdot ha^{-1}]$	[o. D.]
10–25	0,020	0,20–0,50	1,0–2,0(?)	250–450	5,0–9,0	18–25
5–25*)	0,019	0,10–0,48	0,7–2,7	200–400	3,8–7,6	16–38
3– 8	0,018	0,05–0,14	0,4–0,6	100–250	1,8–4,5	32–36
1– 5	0,017	0,02–0,08	0,2–0,4	50–120	0,9–2,0	25–45
<1	0,019	<0,02	<0,2	<50	<0,1	
6–10	0,019	0,11–0,19		150–300	2,8–5,7	16–25
4– 8	0,020	0,08–0,16		100–200	2,0–4,0	~25
?	0,020	?		<150	<3,0	
6–12	0,020	0,12–0,24	0,6–1,0	100–200	2,0–4,0	~17
3– 8	0,020	0,06–0,16	0,3–0,6	50–100	1,0–2,0	13–17

Tabelle 6 Ökologische Bedingungen, Stoffproduktion und Energiebindung charakteristischer Vegetationseinheiten borealer, s

Bezeichnung der Vegetationseinheit	Nettostrahlung	Temperatur			Niederschlag	Strahlungs-Trockenheits-Index
	Q_a	T_a	ΔT	Anzahl d. Monate mit	N_a	
	$[TJ \cdot a^{-1} \cdot ha^{-1}]$ $[10\ KJ \cdot a^{-1} \cdot cm^{-2}]$	[°C]	[°C]	$T_m < 0°C$ $[St \cdot a^{-1}]$	$Gg \cdot a^{-1} \cdot ha^{-1}]$ $[10^2\ mm \cdot a^{-1}]$	$B = \frac{Q_a}{N \cdot L}$ [o. D.]
- boreale Kleinlaub-Mischwälder	10–15	0– 3	>20	2– 4	5–10	0,4–0,9
- boreale Nadelwälder	6–10	−3– −5	>20	4– 6	3– 8	0,3–0,8
- Waldtundra	5– 8	−5– −8	>20	6– 8	2– 4	0,2–0,7
- Tundra	4– 6	−8– −10	>20	8–10	1– 2	0,1–0,6
- arktische und antarktische Wüsten	<5	>−10		>10	<1	

er und arktischer Gebiete

Jährliche Stoffproduktion bzw. Energiebindung			Wirkungsgrad der Energiebindung	Stoff- bzw. Energievorrat je Flächeneinheit		Koeffizient der Akkumulation A
Trockenmasse M_a	Umrechnungsfaktor	Energie W_a		Trockenmasse M_{ges}	Energie W_{ges}	
$[Mg \cdot a^{-1} \cdot ha^{-1}]$ $[t \cdot a^{-1} \cdot ha^{-1}]$	$[TJ \cdot Mg^{-1}]$ $[TJ \cdot t^{-1}]$	$[TJ \cdot a^{-1} \cdot ha^{-1}]$	$\left[W\% = \frac{W_a}{Q_a} \cdot 100\right]$	$[Mg \cdot ha^{-1}]$ $[t \cdot ha^{-1}]$	$[TJ \cdot ha^{-1}]$	[o. D.]
4 –12	0,02	0,08 –0,24	0,8–1,3	100–250	2 –5	25–21
2 – 8	0,02	0,04 –0,16	0,7–1,6	70–200	1,4 –4	35–40
1 – 5	0,02	0,02 –0,10	0,4–1,2	10–100	0,2 –2,0	10–20
0,2– 2,0	0,02	0,004–0,04	0,1–0,7	1– 20	0,02–0,4	50–10
<0,5	0,02	<0,01	<0,2	<2	<0,04	40

Tabelle 8 Feuchtigkeitsüberschuß $F = Ne^{-\frac{Q}{L \cdot N}}$ ([$Gg \cdot a^{-1} \cdot ha^{-1}$] bzw. [100 mm $\cdot a^{-1}$]) in Abhängigkeit von Nett

Q_a [$TJ \cdot a^{-1} \cdot ha^{-1}$]	Niederschlag												
	1	2	3	4	5	6	7	8	9	10	11	12	13
5	0,14	0,74	1,54	2,43	3,35	4,31	5,24	6,18	7,23	8,12	9,19	10,13	11,19
10	0,02	0,27	0,79	1,47	2,25	3,07	3,96	4,86	5,74	6,70	7,60	8,63	9,53
15	0,00	0,10	0,40	0,88	1,49	2,18	2,96	3,74	4,61	5,49	6,35	7,28	8,13
20	0,00	0,04	0,20	0,61	0,99	1,55	2,19	2,91	3,66	4,45	5,25	6,14	6,99
25	0,00	0,01	0,10	0,32	0,66	1,11	1,65	2,25	2,91	3,64	4,39	5,18	5,95
30	0,00	0,00	0,05	0,19	0,44	0,78	1,22	1,74	2,31	2,95	3,63	4,37	5,08
35	0,00	0,00	0,03	0,11	0,29	0,55	0,91	1,35	1,85	2,39	3,00	3,68	4,33
40	0,00	0,00	0,01	0,07	0,19	0,39	0,67	1,04	1,48	1,96	2,48	3,08	3,69
45	0,00	0,00	0,01	0,04	0,13	0,27	0,50	0,86	1,16	1,59	2,05	2,60	3,15

Q und Niederschlag *N*

-1 · ha^{-1}] bzw. [10^2 mm · a^{-1}]

	16	17	18	19	20	21	22	23	24	25	26	27	28	29	30
17	14,05	15,08	16,13	17,02	18,10	19,01	20,11	21,02	22,15	23,08	24,00	25,16	26,10	27,03	27,80
45	12,46	13,38	14,31	15,41	16,38	17,37	18,37	19,41	20,26	21,30	22,39	23,25	24,33	25,20	26,34
96	10,94	11,90	12,82	13,79	14,82	15,71	16,79	17,71	18,70	19,68	20,67	21,68	22,48	23,52	24,57
75	9,62	10,52	11,48	12,37	13,40	14,22	15,36	16,22	17,09	18,15	19.06	20,00	20,94	22,13	22,89
61	8,43	9,33	10,19	11,08	12,02	12,87	13,88	14,81	15,62	16,93	17,60	18,47	19,35	20,65	21,60
60	7,41	8,28	9,13	9,92	10,86	11,63	12,69	13,55	14,42	15,33	16,41	17,23	18.03	19.05	20,10
75	6,51	7,34	8,08	8,89	9,84	10,54	11,59	12,49	13,18	14.15	15,00	15,90	16.83	17,78	18,75
00	5,71	6,51	7,18	7,96	8,80	9,62	10,49	11,43	12.05	13,05	13,99	14,82	15,51	16,56	17,49
38	5,01	5,71	6,43	7,13	7,98	8,72	9.59	10,44	11.11	11.93	12.92	13.69	14.48	15,46	16,29

Tabelle 10 Trockensubstanzproduktion M [$t \cdot a^{-1} \cdot ha^{-1}$] in Abhängigkeit von Nettostrahlung Q und Niederschlag N

Q_a [$TJ \cdot a^{-1} \cdot ha^{-1}$]	Niederschlag N ([Gg													
	1	2	3	4	5	6	7	8	9	10	11	12	13	14
5	0,5	2,1	3,9	5,4	6,7	7,6	8,3	8,9	9,3	9,6	9,8	10,0	10,1	10,2
10	0,1	1,3	3,7	6,3	8,6	10,5	12,2	13,4	14,4	15,2	15,7	16,2	16,5	16,7
15	0,0	0,7	2,6	5,2	8,2	11,0	13,4	15,4	17,1	18,4	19,4	20,3	20,8	21,3
20	0,0	0,3	1,5	4,4	6,8	9,8	12,7	15,3	17,5	19,4	20,9	22,1	23,1	23,9
25	0,0	0,1	0,9	2,7	5,2	8,2	11,4	14,3	16,9	19,3	21,3	23,0	24,2	25,4
30	0,0	0,0	0,5	1,7	3,8	6,4	9,4	12,5	15,4	18,1	20,4	22,5	24,1	25,5
35	0,0	0,0	0,3	1,1	2,6	4,9	7,6	10,7	13,6	16,3	19,0	21,3	23,2	25,0
40	0,0	0,0	0,1	0,7	1,8	3,6	6,0	8,8	11,8	14,6	17,2	19,8	22,0	24,1
45	0,0	0,0	0,1	0,4	1,2	2,6	4,6	7,7	9,9	12,7	15,4	18,2	20,5	22,8

Bereich, in dem stärker die Feuchtigkeit als Wachstumsbegrenzender Faktor wirkt

] bzw. [10^2 mm · a^{-1}])															T	W [%]
	17	18	19	20	21	22	23	24	25	26	27	28	29	30		
3	10,4	10,4	10,4	10,4	10,5	10,5	10,5	10,5	10,5	10,5	10,5	10,5	10,5	10,5	10,5	3,8
1	17,2	17,3	17,3	17,4	17,4	17,4	17,5	17,5	17,5	17,5	17,5	17,5	17,5	17,5	17,5	3,2
9	22,2	22,3	22,4	22,5	22,6	22,6	22,7	22,7	22,7	22,8	22,8	22,8	22,8	22,8	22,8	2,7
8	25,2	25,5	25,7	25,8	25,9	26,0	26,1	26,1	26,2	26,2	26,2	26,3	26,3	26,3	26,3	2,4
8	27,3	27,7	28,1	28,3	28,5	28,6	28,7	28,8	28,9	29,0	29,0	29,0	29,0	29,0	29,1	2,1
5	28,2	28,8	29,2	29,6	29,9	30,1	30,3	30,4	30,5	30,6	30,6	30,7	30,7	30,7	30,8	1,8
4	28,4	29,1	29,7	30,2	30,6	30,9	31,1	31,3	31,4	31,5	31,6	31,7	31,7	31,8	31,9	1,6
0	28,2	29,1	29,9	30,6	31,1	31,5	31,9	32,0	32,2	32,4	32,5	32,6	32,7	32,7	32,9	1,5
6	28,6	28,7	29,6	30,5	31,2	31,7	32,1	32,4	32,7	32,9	33,1	33,1	33,3	33,3	33,6	1,3

Bereich, in dem stärker die Strahlung
als wachstumsbegrenzender Faktor wirkt

Tabelle 11 Energiebindung W $[GJ \cdot Mg^{-1}]$ in Abhängigkeit von Nettostrahlung Q und Niederschlag N

Q_a $[TJ \cdot a^{-1} \cdot ha^{-1}]$	Niederschlag N													
	1	2	3	4	5	6	7	8	9	10	11	12	13	14
5	9	37	70	98	120	141	150	159	167	172	177	180	182	184
10	2	23	66	113	154	190	219	242	262	273	283	291	297	301
15	0	12	46	93	148	197	242	277	307	331	349	365	375	384
20	0	5	28	80	122	176	228	276	316	349	375	399	415	429
25	0	2	16	48	94	148	204	257	305	348	383	413	436	456
30	0	1	8	30	68	116	170	225	277	325	368	405	434	459
35	0	1	4	19	47	88	137	192	245	294	341	384	417	450
40	0	0	2	12	33	65	108	159	212	264	310	357	397	433
45	0	0	1	7	22	47	83	138	178	229	278	328	370	410

ha^{-1}] bzw. [10^2 mm · a^{-1}]

	17	18	19	20	21	22	23	24	25	26	27	28	29	30	∞
6	187	188	188	188	188	189	189	189	189	189	189	189	189	189	189
8	309	311	312	313	313	314	314	314	314	314	315	315	315	315	315
5	399	402	404	406	407	408	408	409	409	410	410	410	410	410	410
7	453	458	462	465	467	469	470	471	471	472	472	473	473	473	473
2	492	499	505	510	512	515	518	519	521	521	522	522	523	523	524
4	508	518	526	533	537	542	545	547	549	550	551	552	553	553	554
3	510	524	535	544	550	556	560	563	566	568	569	571	571	572	574
6	508	523	538	550	559	567	573	577	580	583	585	586	588	589	592
0	496	517	534	550	561	571	578	583	588	592	595	596	599	600	605

Tabelle 12 Wirkungsgrad der Energiebindung $W\% = \frac{W}{Q} \cdot 100$ in Abhängigkeit von Nettostrahlung Q und Niedersc

Q_a $[TJ \cdot a^{-1} \cdot ha^{-1}]$	Niederschlag													
	1	2	3	4	5	6	7	8	9	10	11	12	13	14
5	0,2	0,7	1,4	2,0	2,4	2,8	3,0	3,2	3,3	3,4	3,5	3,6	3,6	3,7
10	0,0	0,2	0,7	1,1	1,5	1,9	2,2	2,4	2,6	2,7	2,8	2,9	3,0	3,0
15	0,0	0,1	0,3	0,6	1,0	1,3	1,6	1,9	2,1	2,2	2,3	2,4	2,5	2,6
20	0,0	0,0	0,1	0,4	0,6	0,9	1,1	1,4	1,6	1,8	1,9	2,0	2,1	2,2
25	0,0	0,0	0,1	0,2	0,4	0,6	0,8	1,0	1,2	1,4	1,5	1,7	1,7	1,8
30	0,0	0,0	0,0	0,1	0,2	0,4	0,6	0,8	0,9	1,1	1,2	1,4	1,5	1,5
35	0,0	0,0	0,0	0,1	0,2	0,3	0,5	0,6	0,8	0,9	1,1	1,2	1,2	1,3
40	0,0	0,0	0,0	0,0	0,1	0,2	0,3	0,4	0,5	0,7	0,8	0,9	1,0	1,1
45	0,0	0,0	0,0	0,0	0,1	0,1	0,2	0,3	0,4	0,5	0,6	0,7	0,8	0,9

· ha^{-1}] bzw. [10^2 mm · a^{-1}])

16	17	18	19	20	21	22	23	24	25	26	27	28	29	30	∞
3,7	3,7	3,8	3,8	3,8	3,8	3,8	3,8	3,8	3,8	3,8	3,8	3,8	3,8	3,8	3,8
3,1	3,1	3,1	3,1	3,1	3,1	3,1	3,1	3,1	3,1	3,1	3,2	3,2	3,2	3,2	3,2
2,6	2,7	2,7	2,7	2,7	2,7	2,7	2,7	2,7	2,7	2,7	2,7	2,7	2,7	2,7	2,7
2,2	2,3	2,3	2,3	2,3	2,3	2,4	2,4	2,4	2,4	2,4	2,4	2,4	2,4	2,4	2,4
1,9	2,0	2,0	2,0	2,0	2,1	2,1	2,1	2,1	2,1	2,1	2,1	2,1	2,1	2,1	2,1
1,7	1,7	1,7	1,8	1,8	1,8	1,8	1,8	1,8	1,8	1,8	1,8	1,8	1,8	1,8	1,8
1,4	1,5	1,5	1,5	1,5	1,5	1,6	1,6	1,6	1,6	1,6	1,6	1,6	1,6	1,6	1,6
1,2	1,3	1,3	1,4	1,4	1,4	1,4	1,4	1,4	1,5	1,5	1,5	1,5	1,5	1,5	1,5
1,0	1,1	1,2	1,2	1,2	1,3	1,3	1,3	1,3	1,3	1,3	1,3	1,3	1,3	1,3	1,3

MIX
Papier | Fördert gute Waldnutzung
FSC® C083411

Zeitfracht Medien GmbH
Ferdinand-Jühlke-Straße 7
99095 Erfurt, Deutschland
produktsicherheit@kolibri360.de